国家自然科学基金资助(61104036,61273081)

新型陀螺仪技术

Advances in Gyroscope Technologies

〔意〕 Mario N. Armenise
Caterina Ciminelli
Francesco Dell'Olio
Vittorio M. N. Passaro 著

袁书明 程建华 译

赵 琳 杨晓东 审校

国防工业出版社

·北京·

著作权合同登记　图字:军–2013–064号

图书在版编目(CIP)数据

新型陀螺仪技术/(意)阿尔梅尼塞(Armenise,M. N.) 等著;
袁书明,程建华译. —北京:国防工业出版社,2013.7
书名原文:Advances in gyroscope technologies
ISBN 978-7-118-08908-0

Ⅰ. ①新... Ⅱ. ①阿... ②袁... ③程... Ⅲ. ①陀螺仪 – 研究
Ⅳ. ①TN965

中国版本图书馆 CIP 数据核字(2013)第 212755 号

※

国防工业出版社出版发行

(北京市海淀区紫竹院南路23号　邮政编码100048)
北京嘉恒彩色印刷责任有限公司
新华书店经售

*

开本710×1000　1/16　印张8　字数146千字
2013 年 7 月第 1 版第 1 次印刷　印数1—2500 册　定价32.00 元

(本书如有印装错误,我社负责调换)

国防书店:(010)88540777　　发行邮购:(010)88540776
发行传真:(010)88540755　　发行业务:(010)88540717

译 者 序

陀螺仪是测量载体角运动或角速度的传感器,是导航、制导与控制的重要器件,陀螺仪的精度直接决定了惯性导航系统的精度及控制系统的性能品质。作为惯性领域最核心的技术之一,陀螺仪不断得到创新性发展,基于各种原理的陀螺仪层出不穷,其物理形态、技术特性也异彩纷呈。特别是近年来,陀螺仪的理论研究、技术创新、设计方法与制造工艺等得到世界各国军事和民用领域的高度重视,技术成果不断涌现,并在航空、航天、航海、陆地导航以及武器制导与控制、大地测量、机器人、移动个人终端等领域得到广泛应用。

目前,我国在陀螺技术领域正面临由传统机械转子陀螺向以光学陀螺仪为代表的新型陀螺仪转变的关键时期,为跟踪国外陀螺仪发展动向,促进国内的技术发展,迫切需要相关的学术著作和深入细致的相关资料,希望本书的翻译出版能为我国该领域的技术发展、工程实用化和惯性技术人才培养起到积极作用。

巴里大学 Mario N. Armenise 教授为意大利光学和光子学学会主席,长年从事光波导技术、设备和电路的设计与仿真,光信号处理、光计算和传感技术研究。通过参与高水平科技项目,在光学陀螺仪、微机械陀螺仪及新概念陀螺仪的研究、设计及制造等方面积累了丰富的经验。Armenise 教授在收集陀螺技术的前沿领域最新研究成果的基础上,出版了著作《新型陀螺仪技术》,该著作重点开展了激光陀螺仪、光纤陀螺仪和微机械陀螺仪的原理、设计方法及特性分析,并对原子陀螺仪、核磁共振陀螺仪及超流体陀螺仪等新概念陀螺仪进行了介绍。以上内容必将对我国在高精度陀螺仪研究和设计方面提供重要的学术理论和工程应用机制,并为相关院校和科研院所开展陀螺技术课程授课,促使跟踪国际前沿提供有益的参考。

为了学习和借鉴国外新型陀螺仪技术领域的先进理论和研究成果,我们组织翻译了《新型陀螺仪技术》一书。本书的翻译和审定工作由海军装备研究院袁书明负责。其中,前言、第 1 章、第 3 章、第 5 章、第 7 章由袁书明翻译,第 2 章、第 4 章、第 6 章和索引由哈尔滨工程大学程建华翻译。

在本书的翻译和出版过程中,哈尔滨工程大学赵琳教授和海军潜艇学院杨晓东教授对书稿进行了认真、细致的审阅,并提出了许多宝贵的意见和建议。天津航海仪器研究所武风德研究员在本书译校定稿过程中提供了帮助,国防工业出版社曲岩编辑对著作的引进和出版给予了大力支持,在此表示诚挚的谢意!

感谢国家自然科学基金(61104036、61273081),中央高校科研业务费专项资金(HEUCFX41309)和参译人员所在单位对本书出版的支持。

翻译过程中难免存在不妥之处,敬请读者批评指正。

译 者

2013 年 6 月

前　言

陀螺仪是现代导航系统中的关键传感器,用来测量绕固定轴相对惯性空间的旋转角运动,从而使计划、记录和控制载体从一个地点到另一地点的运动成为可能,在航天工程、航空和军事工业、汽车业以及医疗等各领域都有着广泛的应用。因此,陀螺仪的结构设计和制造工艺,已在美国、欧洲和亚洲的重要科研团队中得到重视与研发。许多国家的国际空间机构投入了大量财力,用于发展新型陀螺仪技术。诸多研究工作所取得的丰硕研究成果,已报道于大量的科学论文和专利中。

本书的目的在于收集整理陀螺技术在前沿领域取得的成果,对于涉及到的角速率传感器,就其结构、设计方法,以及制造工艺进行了详细说明,同时对未来特殊应用领域的研究趋势给予了展望。

本书可作为对陀螺仪建模、设计和制造感兴趣的科研人员及博士研究生的参考书,也可作为高等院校中开设陀螺技术课程的有益参考书。

近年来,作者参与了一些空间机构支持的研究项目,并对其中涉及的光学角速度传感器进行了大量研究,作者对于不同陀螺技术的深厚的专业知识,可以为读者理解本书主题提供更为广阔的视野。

全书共分7章。第1章、第2章简要介绍主题并叙述陀螺技术中用到的物理效应;第3章~第5章重点介绍光学陀螺仪,对最先进的环形激光陀螺、光纤陀螺和集成光学陀螺给予准确的阐述;第6章介绍了振动陀螺仪、MEMS陀螺仪和MOEMS陀螺仪;第7章对全书进行总结,并概述了具有良好性能的角速率传感器中最具革新性的技术。

2010 年 5 月于巴里

M. N. Armenise

C. Ciminelli

F. Dell'Olio

V. M. N. Passaro

V

目　录

第1章 引　言

惯性传感器作为一种关键的传感器门类出现,用于测量线性加速度和角速度,应用范围日益增大,其最初的研发是为了满足航空和军用系统的需求,而目前已在很多领域得到广泛的应用,如汽车、医药和消费电子产品等。

惯性测量单元(IMUs)是非常精密的系统,可以测量3个坐标轴上的角速度和加速度。在海军、国防和航空工业的应用中,降低成本和提高性能成为惯性测量单元发展的重要研究课题。新型空间适用的IMU具有质量小、功耗低、灵敏度度高、稳定性强等优点,可以完成新的空间任务。目前,IMU全球市场已有将近20亿美元,可以预料在未来的几年内,IMU全球市场将会得到迅速的发展。

陀螺仪的作用是测量物体绕固定坐标轴相对于惯性空间的旋转角速度。在过去的40年中,为设计、优化和制造不同种类的陀螺仪开展了大量的研究工作,这些研究本质上都是以角动量守恒原理、萨格奈克(Sagnac)效应和哥氏力(Coriolis)效应等为理论依据。近几年来,新型陀螺仪的发展已聚焦在微光子技术和微机电技术上。

本章将简要地阐述角速率传感器的主要技术和应用,并比较说明不同陀螺仪的性能参数。

1.1　陀螺仪技术概述

陀螺仪可分为3类:转子陀螺仪、光学陀螺仪和振动陀螺仪。第一类中,所有陀螺仪都有一个相对于自由移动轴稳定旋转的转子;光学陀螺仪建立在萨格奈克效应的基础上,该效应指出在旋转的环形干涉仪中反向传播的两束光波,其相移与旋转角速度成正比;而振动陀螺仪则基于哥氏力效应引起一个机械谐振器两种谐振模态的耦合。

陀螺仪的基本结构充分利用了高速转子的惯性,即物体具有抗拒对其运动方向做任何改变的性质,这使得转子趋向于保持其转轴方向。20世纪60年代,根据此物理原理研制出的动力调谐陀螺仪(DTG)[1],在航空和军事工业领域应

1

用多年,同时装备于航天飞机的惯性测量装置中。

控制力矩陀螺(CMG)[2]是最成功的转子陀螺之一,广泛应用于卫星稳定[3]。控制力矩陀螺包含一个转子及一个或多个装有驱动电机的平衡架,用于使转子角动量倾斜。当转子倾斜时,变化的角动量将产生陀螺力矩使航天器旋转。控制力矩陀螺应用于大型航天器,如太空实验室、"和平"号空间站和国际空间站等,已有数十年时间。

转子陀螺仪的小型化难度很大,其结果是导致转子陀螺仪数量上的减少,这为振动陀螺仪和光学陀螺仪创造了令人关注的商业机会,振动陀螺仪与光学陀螺仪分别通过 MEMS 和集成光学技术有效地完成了陀螺仪的小型化。

20 世纪 80 年代,一种高性能的振动陀螺仪——半球谐振陀螺仪(HRG)问世。HRG 的敏感元件为一个表面覆盖金属薄膜的熔融石英半球形壳体(直径约为 30mm)[4]。该陀螺具有很好的灵敏性和扩展性,可用于一些空间任务,包括"会合"号探测卫星及"卡西尼"号等。

硅基微机械陀螺仪和石英微机械陀螺仪是新型的小型化谐振角速率传感器,其低成本和性能不断提高,使得微机械陀螺仪市场迅速发展,在 2010 年达到 8 亿美元[5]。

自从 1963 年制造出第一个基于 Sagnac 效应的环形激光陀螺仪(RLG)以来[6],大量的光学陀螺仪得到发展,同时其性能也得到验证,其中包括光纤陀螺仪(FOG)和集成光学陀螺仪[7,8]。20 世纪 90 年代,第一个 FOG 应用于空间领域的 X 射线时变探测器[9]。

近来,应用于未来陀螺仪的其它尖端技术已得到验证,如核磁谐振陀螺仪[10]和超流体陀螺仪[11]。

陀螺技术的部分综述可见参考文献[12 – 15],而本书已对大部分陀螺仪技术的研究近况进行了阐述。

1.2　陀螺仪性能参数

陀螺仪在一个更为复杂的系统中完成装配后,通常用成本、功耗、稳定性、重量、体积、热稳定性、抗外界干扰能力等诸多因素来描述不同陀螺仪的性能,而不同陀螺技术的比较也就是陀螺仪性能参数的比较。

就陀螺仪的静态输入输出特性方面而言,可定义许多性能参数,如标度因数、偏值、输入和输出量程、满量程、分辨率、动态量程和死区[16]等。

陀螺仪标度因数就是传感器的输出值与对应角速度之间的比率,通常情况下,其估计值为由线性拟合输入输出数据得到的直线斜率。

偏值定义在规定的时间间隔内,陀螺仪中与输入旋转和加速度无关的输出的均值,其单位为(°)/h 或(°)/s。

输入量程是陀螺性能达到规定精度时的输入值范围,输出量程是输入量程和标度因数的乘积,而输入量程的最大值和最小值的代数差就是满量程。

最小的可检测角速率或者分辨率(用(°)/h 或(°)/s 表示),是陀螺仪能敏感到的最小角速度。全量程和分辨率之间的比率就是动态量程,为无量纲的量。

最后,当输入值进入某个范围时,产生的输出值低于期望的10%,此输入区间定义为死区。

通过陀螺仪的频率响应或阶跃响应,可以计算出带宽和响应时间。

陀螺仪的主要噪声成分为:量化噪声;偏值不稳定性(偏值漂移);角度随机游走。

量化噪声主要是由陀螺输出信号"模拟—数字"转化引起的,而其他噪声则主要由陀螺工作原理引起。

偏值不稳定性代表偏值长期漂移偏量的"峰—峰"值,单位为(°)/h 或(°)/s。

角度随机游走(ARW)反映的是由角速度积分(角度)获取的旋转角度中的噪声,转动角估计噪声的标准偏差可表示为

$$\sigma_{rw} = W_{ARW}\sqrt{t} \qquad (1.1)$$

式中:W_{ARW}为角随机游走系数,通常用(°)/$\sqrt{h}$或(°)/$\sqrt{s}$表示。

通过对角速率测量这一随机过程进行建模,便可以估计出不同的误差成分[17]。随机过程$u(t)$由一时间族的实函数$u(t,r)$组成,每个实函数与概率空间$\mathscr{R}$中的元素r有关。称实函数$u(t,r)$(也可用$u(t)$表示)为随机过程的轨迹,如果随机过程为平稳随机过程,则其自相关函数为

$$\phi_u(\tau) = E[u(t+\tau)u(t)] \qquad (1.2)$$

式中:E代表数学期望。如果随机过程具有遍历性,那么自相关函数可以由任何一条轨迹$u(t)$计算得到,即

$$\phi_u(\tau) = \int_{-\infty}^{+\infty} u(t+\tau)u(t)\,\mathrm{d}t \qquad (1.3)$$

稳态随机过程的功率谱密度定义为

$$\phi_u(f) = \mathfrak{I}[\phi_u(\tau)] \qquad (1.4)$$

式中:$\mathfrak{I}$表示傅里叶变换。

对于具有遍历性的随机过程,功率谱密度为

$$\phi_u(f) = |\ U(f)\ |^2 \tag{1.5}$$

其中

$$U(f) = \mathfrak{I}[u(t)] \tag{1.6}$$

从式(1.6)可以看出,具有遍历性的稳态随机过程,其功率谱密度可通过任何轨迹的傅里叶变换得到。

对随机过程$u(t)$进行积分运算,可得到另一个随机过程$v(t)$,其功率谱密度为

$$\phi_v(f) = \frac{1}{(2\pi f)^2}\phi_u(f) \tag{1.7}$$

对白噪声随机过程求积分得到的随机游走随机过程,也称为维纳—利维随机过程[17],此类随机过程的主要特征是其方差与时间成比例。随机游走随机过程,可十分恰当地描述转动角估计中的测量噪声。

利用测量固定角速率所得的数据,可绘制功率谱密度的双对数坐标图(图1.1),图中区分出3个具有不同斜率的区域。斜率为0的部分与角随机游走有关,表示随机游走噪声是一与角速率估值相关的白噪声。这是因为角速率积分可以得到旋转角度,正如前所述,角度随机游走可以通过对白噪声随机过程进行积分得到。

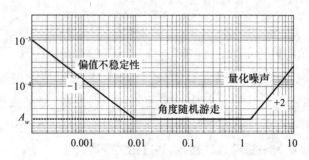

图 1.1 角速率测量噪声功率谱密度的分段曲线

斜率为 -1 的直线与偏值不稳定性有关,而斜率为 +2 的区域与量化噪声有关。

单位为(°)/$\sqrt{h}$的陀螺仪角随机游走系数 W_{ARW} 可由式(1.8)表示为[18,19]

$$W_{ARW} = \frac{1}{60}\sqrt{\frac{A_w}{2}} \tag{1.8}$$

4

式中:A_w 为陀螺仪的白噪声水平,单位为$((°)/h)^2/Hz$。

另外,通过求取固定角速度测量数据的 Allen 方差 $\sigma_a^{2[20]}$,也可得到噪声量[20,22]。

用 $\Omega_h(h=1,2,\cdots,N)$ 来表示以频率 f_s 采样得到的角速率数据,将这 N 个数据分为 $K=M/N$ 组(M 为每组的采样数)。每组数据的平均值可由下式计算得到,即

$$\overline{\Omega}_j(M) = \frac{1}{M}\sum_{\sigma=1}^{M} \Omega_{(j-1)M+\sigma} \quad (j=1,2,\cdots,K) \tag{1.9}$$

角速率的 Allen 方差为

$$\sigma_a^2(\tau_a) = \frac{1}{2(K-1)}\sum_{j=1}^{K-1}\left[\overline{\Omega}_{j+1}(M) - \overline{\Omega}_j(M)\right]^2 \tag{1.10}$$

式中:$\tau_a = M/f_s$,为相关时间。

图 1.2 所示的双对数坐标图表示 $\sigma_a(\tau)$ 与 τ_a 的关系。其中,ARW、偏值不稳定性和量化噪声可分别通过斜率为 $-1/2$、0 和 -1 的区域算出。

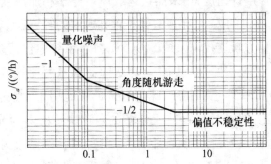

图 1.2　固定角速率数据的 Allen 标准方差(分段表示)

根据性能参数,我们将陀螺分为惯性级、战术级和速率级 3 种不同的类别,每种陀螺仪的参数值如表 1.1 所列。

表 1.1　不同级别陀螺仪的性能要求

参　数	速率级	战术级	惯性级
角度随机游走/$((°)/\sqrt{h})$	>0.5	0.5 ~ 0.05	<0.001
偏值漂移	10 ~ 1000	0.1 ~ 10	<0.01
标度系数精度/%	0.1 ~ 1	0.01 ~ 0.1	<0.001
满量程/(°/h)	$1.5 \times 10^6 \sim 3.6 \times 10^6$	$>1.8 \times 10^6$	$>1.4 \times 10^6$
带宽/Hz	>70	~100	~100

显然,不同的应用领域对应特定的陀螺仪参数要求。例如,汽车领域应用对陀螺仪的要求是:满量程至少为 $1.8 \times 10^{-5} °/h$、分辨率约为 $360°/h(=0.1°/s)$、带宽要求为 50Hz,而在自主导航等应用中,则需要更好的陀螺仪性能。战术导弹导航则要求陀螺仪的标度因数稳定性应达到 10ppm(1ppm $= 10^{-6}$)、偏值稳定性约为 $1 \times 10^{-4}°/h$。而对于潜艇的自主导航,则要求陀螺仪的标度因数稳定性在 1ppm 左右,偏值稳定性应达到 $1.0 \times 10^{-3}°/h$。

1.3　陀螺仪应用

陀螺仪主要应用在捷联式惯性导航系统中,用于船舶、潜艇、飞行器、导弹和其他军用运载体的导航。这种导航设备直接装置在运载体上,可以不借助任何定位系统(如 GPS 全球定位系统)自主地获得载体的位置和速度等导航参数。

IMU 和导航计算机是捷联式惯性导航系统的两大基本模块。IMU 由高性能的陀螺仪和加速度计组成,用来测量运载体角速率和加速度。导航计算机的作用是处理 IMU 提供的数据,完成载体位置和速度的解算工作。

卫星定向由姿态轨道控制系统(AOCS)完成,系统中包括多种姿态传感器,如陀螺仪、太阳传感器、地球传感器、星体跟踪器和磁力计等。陀螺仪的主要空间应用领域为 AOCS,而近年来,陀螺仪也被成功地用于"漫游者"巡视探测器上。尤其需要指出的是,"漫游者"上装备的角速率传感器为光纤陀螺,它由美国国家航空航天局和喷气推进实验室研发,主要用于火星探测。在空间领域的应用中,要求陀螺仪的分辨率需在 $0.01° \sim 10°/h$ 的范围内。

高质量数码相机稳定平台、GPS 备份系统、虚拟现实设备和游戏机是一些使用低成本陀螺仪的典型例子。通常,这些消费类电子产品均使用 MEMS 陀螺仪。

汽车领域是低成本角速率传感器最广阔的市场,牵引控制系统、机动车悬架系统和防滑系统中的陀螺仪,均采用了典型的硅 MEMS 技术。

目前,机器人技术和医药领域正成为陀螺应用的新方向。

参 考 文 献

1. Murugesan, S., Goel, P.S.: Autonomous fault-tolerant attitude reference system using DTGs in symmetrically skewed configuration. IEEE Trans. Aerosp. Electron. Syst. 25, 302–307

(1989)

2. Lappas, V.J., Steyn, W.H., Underwood, C.I.: Torque amplification of control moment gyros. Electron. Lett. **38**, 837–839 (2002)

3. Defendini, A., Faucheux, P., Guay, P., Morand, J., Heimel, H.: A compact CMG product for agile satellite. In: 5th ESA Conference on Spacecraft Guidance, Navigation and Control, Frascati (Rome), Italy, 22–25 October 2002

4. Izmailov, E.A., Kolesnik, M.M., Osipov, A.M., Akimov, A.V.: Hemispherical resonator gyro technology. Problems and possible ways of their solutions. In: RTO SCI International Conference on Integrated Navigation Systems, St. Petersburg, Russia, 24–26 May 1999

5. Jourdan, D.: MEMS gyroscope market is expected to reach 800 M$ in 2010. Sens. Transducers **67** (2006)

6. Macek, W.M., Davis, D.T.M.: Rotation rate sensing with traveling-wave ring lasers. Appl. Phys. Lett. **2**, 67–68 (1963)

7. Ciminelli, C.: Innovative photonic technologies for gyroscope systems. In: EOS Topical Meeting—Photonic Devices in Space, Paris, France, 16–19 October 2006

8. Ciminelli, C., Peluso, F., Armenise, M.N.: A new integrated optical angular velocity sensor. Proc. SPIE **5728**, 93–100 (2005)

9. Unger, G.L., Kaufman, D.M., Krainak, M.A., Sanders, G.A., Taylor, W.L., Schulze, N.R.: NASA's first in-space optical gyroscope: a technology experiment on the X-ray Timing Explorer spacecraft. Proc. SPIE **1953**, 52–58 (1993)

10. Woodman, K.F., Franks, P.W., Richards, M.D.: The nuclear magnetic resonance gyroscope—a review. J. Navig. **40**, 366–384 (1987)

11. Bruckner, N., Packard, R.: Large area multiturn superfluid phase slip gyroscope. J. Appl. Phys. **93**, 1798–1805 (2003)

12. Titterton, D.H., Weston, J.L.: Strapdown Inertial Navigation Technology. IET (2005)

13. Barbour, N.: Inertial navigation sensors. In: Advances in Navigation Sensors and Integration Technology. NATO RTO Educational Notes (2004)

14. Armenise, M.N., Ciminelli, C., De Leonardis, F., Diana, R., Passaro, V., Peluso, F.: Gyroscope technologies for space applications. In: 4th Round Table on Micro/Nano Technologies for Space, Noordwijk, The Netherlands, 20–22 May 2003

15. European Space Agency (ESA), IOLG project 1678/02/NL/PA: Micro gyroscope technologies for space applications. Contract Report, June 2003

16. IEEE Standard for Inertial Sensor Terminology (Std 528-2001)

17. Papoulis, A., Pillai, S.U.: Probability, Random Variables and Stochastic Processes. McGraw-Hill, New York (2001)

18. IEEE Recommended Practice for Inertial Sensor Test Equipment, Instrumentation, Data Acquisition, and Analysis (Std 1554-2005)

19. IEEE Standard Specification Format Guide and Test Procedure for Linear, Single-Axis, Non gyroscopic Accelerometers (Std 1293-1998)

20. Percival, D.B., Walden, A.T.: Wavelet Methods for Time Series Analysis. Cambridge University Press, Cambridge (2006)

21. IEEE Standard Specification Format Guide and Test Procedure for Single-Axis Interferometric Fiber OpticGyros (Std 952-1997)

22. Ng, L.C., Pines, D.J.: Characterization of ring laser gyro performance using the Allan variance method. J. Guid. Control Dyn. **20**, 211–214 (1996)

23. Lawrence, A.: Modern Inertial Technology: Navigation, Guidance, and Control. Springer, New York (1998)

24. Ali, K.S., Vanelli, C.A., Biesiadecki, J.J., Maimone, M.W., Cheng, Y., San Martin, A.M., Alexander, J.W.: Attitude and position estimation on the mars exploration rovers. In: IEEE Systems, Man and Cybernetics, International Conference, Waikoloa, Hawaii, USA, 10–12 October 2005

第 2 章 陀螺仪的物理效应

2.1 Sagnac 效应

所有光学陀螺仪的工作原理均基于萨格奈克效应[1],即利用绕垂直于环面的轴旋转的环形干涉仪中两束相反传播的光信号间相移 $\Delta\varphi$,或利用在光腔绕垂直于自身的轴旋转时,两个分别沿顺时针(CW)和逆时针(CCW)方向传播的谐振模式间的频移来实现陀螺仪的测量作用。

为了推导出由顺时针和逆时针两光束间的相移构成的角运动解析表达式,我们利用一种简单的运动过程分析方法[2]。首先,考虑环形干涉仪内为真空的情况,如图 2.1 所示。在 P 点放置分光器,光从 P 点进入干涉仪后,被分为沿顺时针和逆时针两个方向传播的信号。当干涉仪相对于惯性坐标系静止时,沿相反方向传播的两束光的光程相等,且传播速度均等于 c(c 是自由空间中的光速)。经过时间 τ_r,两束光同时回到分光器位置,可求得传播时间 τ_r 为

$$\tau_r = \frac{2\pi R}{c} \tag{2.1}$$

式中:R 为环形干涉仪半径。

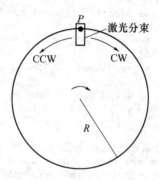

图 2.1 萨格奈克环形干涉仪

若环形干涉仪以角速度 Ω 顺时针旋转,则位于 P 点的分光器在时间 τ_r 内的位移为 $\Delta l = \Omega R \tau_r$。

8

当光在干涉仪中完成一次往返运动时,由于干涉仪转动了一个小角度,环形干涉仪在顺时针方向光束(与Ω方向相同)的光程将略微大于$2\pi R$,而逆时针方向光束的光程就将稍小于$2\pi R$,顺时针光程L_{CW}与逆时针光程L_{CCW}间的光程差为

$$\Delta L = L_{CW} - L_{CCW} = 2\Delta l = 2\Omega R\tau_r = \frac{4\pi\Omega R^2}{c} \qquad (2.2)$$

由于两束光的传播速度相同,均等于真空中的光速c,所以沿逆时针方向的光波先到达P点,两束光到达P点的时间差等于

$$\Delta t = \frac{\Delta L}{c} = \frac{4\pi\Omega R^2}{c^2} \qquad (2.3)$$

由干涉仪转动引起的两束光相移$\Delta\varphi$可表示为

$$\Delta\varphi = \Delta t \frac{2\pi c}{\lambda} = \frac{8\pi^2 R^2}{c\lambda}\Omega \qquad (2.4)$$

式中:λ为光的波长。

式(2.4)描述的相移表达式适用于一次光束的运动,当两束光的光程为k个圆周时,相移$\Delta\varphi$变为

$$\Delta\varphi = \frac{8\pi^2 R^2}{c\lambda}k\Omega \qquad (2.5)$$

式(2.3)给出的时间差表达式也可以通过狭义相对论推导得出[3]。

现在,讨论干涉仪中为折射率等于n的均匀介质的情况,此时,两束光的传播速度为c/n。若干涉仪静止,则经过一圆周的传播,两束光传播时间等于$n \cdot \tau_r$,且经历$n \cdot \tau_r$时间后,两束光相位仍相同。

若干涉仪旋转,则位于P点的分光器在时间$n \cdot \tau_r$内的位移为$n\Delta l$。由此可得在一次往返运动中,顺时针方向光束的光程长为

$$L_{CW}^* = 2\pi R + n\Delta l = 2\pi R + \frac{2\pi n\Omega R^2}{c} \qquad (2.6)$$

而逆时针方向光束的光程长为

$$L_{CCW}^* = 2\pi R - n\Delta l = 2\pi R - \frac{2\pi n\Omega R^2}{c} \qquad (2.7)$$

此时,相反传播的两束光的速度不再相同,顺时针光束的速度等于

$$v_{CW} = \frac{c}{n} + \alpha_d\Omega R \qquad (2.8)$$

逆时针光束的速度为

9

$$v_{CCW} = \frac{c}{n} - \alpha_d \Omega R \qquad (2.9)$$

式中:α_d 为斐索牵引系数,参见参考文献[4],即

$$\alpha_d = 1 - n^{-2} \qquad (2.10)$$

式(2.8)和式(2.9)中,光速表达式的附加项是由于光在匀速运动介质中所受的光传播牵引而引起的[5]。

两束光在不同的时刻到达 P 点,二者到达的时差为

$$\Delta t^* = \frac{L_{CW}^*}{v_{CW}} - \frac{L_{CCW}^*}{v_{CCW}} = \frac{2\pi R + \dfrac{2\pi n \Omega R^2}{c}}{\dfrac{c}{n} + \alpha_d \Omega R} - \frac{2\pi R - \dfrac{2\pi n \Omega R^2}{c}}{\dfrac{c}{n} - \alpha_d \Omega R} \qquad (2.11)$$

设 $c^2/n^2 \gg \alpha_d \Omega^2 R^2$,整理式(2.11)得

$$\Delta t^* \cong \frac{4\pi R^2 n^2 \Omega(1 - \alpha_d)}{c^2} = \frac{4\pi R^2 \Omega}{c^2} \qquad (2.12)$$

比较式(2.12)和式(2.3)可得 $\Delta t = \Delta t^*$。因此,当干涉仪发生转动时,在折射率为 n 的均匀介质中引起的相移与真空条件下的相移相等。同样的结论也可利用相对论电动力学这一更为严密的方法得到,该方法需要推导光在旋转框架下的传播方程,并应用扰动方法来计算转动引起的相移[6]。

如前所述,干涉仪的旋转可以引起光腔中两个相反传播的共振模的频率差。

在一个光腔为真空且静止的光学谐振器中,光模的谐振频率满足下面的关系式,即

$$qc = v_{q,0} p \qquad (2.13)$$

式中:q 为整数(谐振阶次);p 为谐振器周长。对于环形腔中所激发出的两个相反传播的 q 阶谐振模式,干涉仪的转动使其谐振频率被分为

$$v_q^{CW} = \frac{qc}{p_+} \qquad v_q^{CCW} = \frac{qc}{p_-} \qquad (2.14)$$

式中:p_+ 和 p_- 代表两个谐振模光路的周长,两者的差 $p_+ - p_-$ 用 Δp 表示。

两个 q 阶谐振模的频率差 Δv 为

$$\Delta v = v_q^{CCW} - v_q^{CW} = qc\left(\frac{1}{p_-} - \frac{1}{p_+}\right) \approx qc\frac{\Delta p}{p^2} \qquad (2.15)$$

联立式(2.13)和式(2.15)得

$$\Delta v = v_{q,0}\frac{\Delta p}{p} \qquad (2.16)$$

谐振器中的光束,无论在折射率为 n 的均匀介质中传播,还是在有效折射率

10

为 n_{eff} 的光波导中传播,式(2.16)给出的分频表达式不变。

对于圆环形谐振器,$\Delta p = 4\pi\Omega R^2/c$,由于 $p = 2\pi R$,所以 Δv 可改写为

$$\Delta v = v_{q,0}\frac{2R}{c}\Omega \tag{2.17}$$

式中:R 为谐振器半径。

对于任意形状的光腔,频率差 Δv 为[7]

$$\Delta v = \frac{4av_{q,0}}{pc}\Omega \tag{2.18}$$

式中:a 表示光路围成的面积。

2.2　哥氏力效应

所有振动陀螺仪的工作原理均基于振动质量的哥氏力效应。图2.2所示的二自由度弹簧—质量—阻尼系统是一个简单的振动角速率传感器模型。

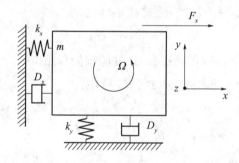

图2.2　转动参考系中二自由度弹簧—质量—阻尼系统

哥氏力是一种虚拟力,由旋转参考系中运动的质量块 m 的参数表示,即

$$\boldsymbol{F}_c = 2m(\boldsymbol{v} \times \boldsymbol{\Omega}) \tag{2.19}$$

式中:v 为质量在旋转系中的速度;Ω 为参考系的旋转角速度。图2.2中所示的哥氏力效应,可以从系统在参考系中的动力学方程推得。

图2.2中,质量块 m 可以沿 x 轴和 y 轴运动,Ω 指向 z 轴。沿 x 轴方向的振荡称为驱动模式(或主振模式),由该方向上的力 F_x 引起。沿 y 轴方向的振荡称为敏感模式(或次级振荡模式),由系统绕 z 轴的转动引起。二自由度系统的运动方程可写成如下形式[8],即

$$\begin{cases} m\dfrac{\mathrm{d}^2 x}{\mathrm{d}t^2} + D_x\dfrac{\mathrm{d}x}{\mathrm{d}t} + k_x x - 2\Omega m\dfrac{\mathrm{d}y}{\mathrm{d}t} = F_x \\ m\dfrac{\mathrm{d}^2 y}{\mathrm{d}t^2} + D_y\dfrac{\mathrm{d}y}{\mathrm{d}t} + k_y y + 2\Omega m\dfrac{\mathrm{d}x}{\mathrm{d}t} = 0 \end{cases} \tag{2.20}$$

式中:Ω 为参考系旋转角速度的模;D_x 和 D_y 分别为 x 轴和 y 轴向的阻尼系数;k_x 和 k_y 为 x 轴和 y 轴向的弹簧弹性系数。

通常情况下,由正弦函数形式的力 F_x 产生主振荡,振幅为常数 a_x。为使 a_x 达到最大,主振器的角频率 ω_d 会十分接近于主振荡器的谐振频率 $\omega_x = \sqrt{k_x/m}$。因此,$x(t)$ 可写为

$$x(t) = a_x\sin(\omega_d t) \cong a_x\sin(\omega_x t) \tag{2.21}$$

可利用式(2.20)中的第二个方程计算 $y(t)$,将方程改写为如下形式,即

$$\frac{\mathrm{d}^2 y}{\mathrm{d}t^2} + \frac{\omega_y}{Q_y}\frac{\mathrm{d}^2 y}{\mathrm{d}t^2} + \omega_y^2 y = -2a_x\Omega\omega_x\cos(\omega_x t) \tag{2.22}$$

式中:$\omega_y = \sqrt{k_y/m}$ 为次级振荡器的谐振频率;$Q_y = \sqrt{mk_y}/D_y$ 为敏感模式的品质因数。经过瞬变状态后,$y(t)$ 的通式可写为

$$y(t) = a_y\cos[\omega_x t + \phi_y] \tag{2.23}$$

式中:a_y 和 ϕ_y 分别为次级振荡器在 ω_x 处的幅值和相位响应。

计算 $\mathrm{d}y/\mathrm{d}t$ 和 $\mathrm{d}^2 y/\mathrm{d}t^2$ 并代入式(2.22)中,得

$$\left[-a_y\omega_x^2\cos(\phi_y) + a_y\omega_y^2\cos(\phi_y) - \frac{a_y\omega_x\omega_y}{Q_y}\sin(\phi_y) \right]\cos(\omega_x t) +$$

$$\left[a_y\omega_x^2\sin(\phi_y) - a_y\omega_y^2\sin(\phi_y) - \frac{a_y\omega_x\omega_y}{Q_y}\cos(\phi_y) \right]\sin(\omega_x t) =$$

$$-2a_x\Omega\omega_x\cos(\omega_x t) \tag{2.24}$$

由式(2.24)可得

$$\begin{cases} \left[-a_y\omega_x^2\cos(\phi_y) + a_y\omega_y^2\cos(\phi_y) - \dfrac{a_y\omega_x\omega_y}{Q_y}\sin(\phi_y) \right] = -2a_x\Omega\omega_x \\ \left[a_y\omega_x^2\sin(\phi_y) - a_y\omega_y^2\sin(\phi_y) - \dfrac{a_y\omega_x\omega_y}{Q_y}\cos(\phi_y) \right] = 0 \end{cases} \tag{2.25}$$

求解式(2.25)可得 a_y 和 $y(t)$,即

$$a_y = -\frac{2a_x\Omega\omega_x}{\sqrt{(\omega_x^2 - \omega_y^2)^2 + \omega_x^2\omega_y^2/Q_y^2}} \tag{2.26}$$

$$y(t) = -\frac{2a_x\Omega\omega_x}{\sqrt{(\omega_x^2 - \omega_y^2)^2 + \omega_x^2\omega_y^2/Q_y^2}}\cos(\omega_x t + \phi_y) \tag{2.27}$$

12

式(2.27)表明,敏感模式的幅值与角速率 Ω 呈比例。而且,通过测量 y 轴向的振荡幅值,可以很容易地估计出二自由度振荡角速率传感器的角速度。

参 考 文 献

1. Sagnac, G.: L'èther lumineux dèmontrè par l'effet du vent relatif d'èther dans un interfèromètre en rotation uniforme. C. R. Acad. Sci. **95**, 708–710 (1913)
2. Arditty, H.J., Lefevre, H.C.: Sagnac effect in fiber gyroscopes. Opt. Lett. **6**, 401–403.
3. Rizzi, G., Ruggiero, M.L.: A direct kinematical derivation of the relativistic Sagnac effect for light or matter beams. Gen. Relativ. Gravit. **35**, 2129–2136 (2003)
4. Vali, V., Shorthill, R.W., Berg, M.F.: Fresnel–Fizeau effect in a rotating optical fiber ring interferometer. Appl. Opt. **16**, 2605–2607 (1977)
5. Drezet, A.: The physical origin of the Fresnel drag of light by a moving dielectric medium. Eur. Phys. J. **B45**, 103–110 (2005)
6. Lefevre, H.C., Arditty, H.J.: Electromagnetisme des milieux dielectriques lineaires en rotation et application a la propagation d'ondes guidees. Appl. Opt. **21**, 1400–1409 (1982)
7. Jacobs, F., Zamoni, R.: Laser ring gyro of arbitrary shape and rotation axis. Am. J. Phys. **50**, 659–660 (1982)
8. Acar, C.: Robust micromachined vibratory gyroscopes. PhD dissertation, University of California, Irvine, California, USA (2004)

第3章 氦—氖及固态环形激光陀螺仪

氦—氖环形激光陀螺仪(He－Ne RLG)获得商业成功始于20世纪80年代末90年代初。1963年,氦—氖环形激光陀螺仪首次出现以来[1],许多工业公司开展了大量的研究工作来发展 RLG 技术,使其成为一种被广泛普及的商业设备,例如,基于氦—氖 RLG 的导航系统已装备于50余种飞行器上[2]。近年来,氦—氖 RLG 在高性能陀螺仪市场中占有重要的地位。

相比较机械陀螺仪,氦—氖 RLG 的主要优点是无机械转子,结构简单(少于20个部件),抗振动性好,数字输出,动态范围广,更新速度快,可靠性高。在过去的几年中,一些研究人员提出用固态增益介质替代 RLG 中的氦—氖气体,能使陀螺仪工作寿命更长、成本更低、制作工艺更简单[3],这种新型陀螺就是固态环形激光陀螺仪。与氦—氖 RLG 相同,固态 RLG 由许多分立的光学元件构成,因此固态 RLG 不是集成式光学装置。

RLG 是一种分立式光学(Bulk－optics Sensor)传感器,其工作原理由 Rosenthal[4]首次提出(图3.1),适用于氦—氖 RLG 和固态 RLG。增益介质位于光谐振腔中,起到放大光学信号的作用。当系统以角速度 Ω 旋转时,光腔中两个相反传播的谐振模存在频率差,且频率差正比于 Ω。

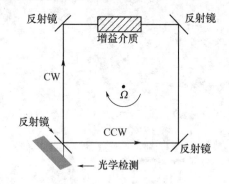

图3.1 RLG 通用结构

参考文献[5]描述了氦—氖 RLG 详细的工作原理以及20世纪60年代以来,为提高 RLG 性能的研究成果,参考文献[6-8]报道了近年来氦—氖 RLG 的

14

发展情况。

本章主要介绍氦—氖 RLG 的结构、噪声源和误差源。最后,对固态 RLG 的工作原理和结构进行了说明。

3.1 氦—氖 RLG 结构

对氦—氖 RLG 已进行了大量的理论和实验研究。目前,氦—氖 RLG 主要有两种结构,两者的根本区别在于光腔的形状不同。在图 3.2(a)所示的第一种结构中,由两个隅角镜和一个球面镜实现了一个等边三角形的光腔[9]。图 3.2(b)所示的另一种结构,采用 4 个隅角镜形成正方形光腔,最初的氦—氖 RLG 和一些商用 RLG 均使用此种结构。1987 年,由 Lin 等提出的一种五边形氦—氖 RLG 获发明专利授权[10]。

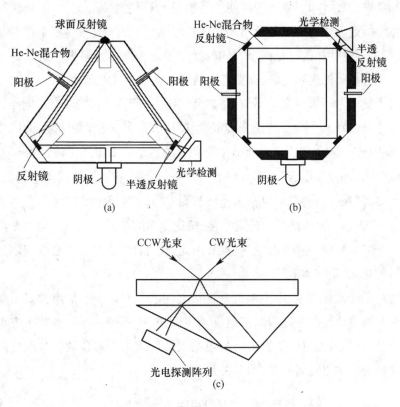

图 3.2　三角形光腔氦—氖 RLG(a)、正方形光腔氦—氖 RLG (b)和氦—氖 RLG 检测器光学部件(c)

为测量绕笛卡儿参考系每个坐标轴的旋转角速度,需要在载体上安装3个陀螺仪。一种3个氦—氖RLG安装在单个立方体的配置方案获得专利授权[11]。这种结构形式由3个互相正交的正方形氦—氖RLG构成,陀螺仪之间共用两面反射镜,因此这种结构只使用6个反射镜。除反射镜外,3个氦—氖RLG之间也共用电阴极和抖动系统。

为提高氦—氖RLG的机械稳定性、降低其热敏感度,通常采用热膨胀系数极低的固体材料(如微晶玻璃)制造传感器。

氦—氖RLG的增益介质为气体混合物,其中氦气压强约为10mbar(1mbar = 10^2Pa),氦气和氖气的混合比例约为10:1。混合气体装在一个含有正负电极可提供电力的放电管中。激光器开启时,应用7~8kV的初始电压脉冲经过放电管电极使气体电离,发射激光期间改用1~2kV电压经过电极,从而在激光管中产生约几毫安的电流。气体中的电子不断加速并激发氦原子,使处在亚稳态能量级的氦粒子数增加。原子碰撞使一些能量转移到氖原子上,使能量级与亚稳态氦粒子能量级相近的氖粒子增加。激发的氖原子辐射地衰变成低能量状态的粒子,产生顺时针和逆时针两个方向的光信号。为使两种谐振模式共存于激活腔内并具有相同的光功率级,需要避免两者之间的模式竞争。

对于氦—氖环形激光器,只有在混合气体中出现氖同位素时,方向相反的波束之间才发生模式竞争。若工作波长为1.15μm,在发射管中填入天然的氖气混合物(91% ^{20}Ne:9% ^{22}Ne)可有效地避免模式竞争。对于工作波长为633nm的氦—氖RLG,当氖气混合物中 ^{22}Ne所占比例在10%左右时,波模竞争仍会发生。进一步提高 ^{22}Ne的比例,可以在工作波长为633nm时避免模式竞争[12,13]。商用氦—氖RLG中,氖由同位素 ^{20}Ne和 ^{22}Ne按比例50:50混合而成。氦—氖混合气体质量下降会影响传感器的使用寿命,因此,在设计RLG时,有必要限制发射管的开口数量,防止气体泄漏。

RLG的转动将引起顺、逆时针激光束之间的频率差。最常用的氦—氖RLG光学检测器由棱镜和光电探测仪组成,如图3.2(c)所示。棱镜使两个方向的光信号结合,激光束经过棱镜射出的光束共线且形成了干涉条纹。探测器阵列表面的光强度变化与时间有关,两者关系式为

$$I(x,t) = I_0\Big[1 + \cos\Big(2\pi\Delta vt + \frac{2\pi}{\lambda}\gamma_p x + \varphi_0\Big)\Big] \qquad (3.1)$$

式中:I_0为$I(x,t)$的均值;γ_p为从棱镜射出两束光之间的角度;φ_0为两光束之间的常值相位差;λ为激光工作波长;x为沿探测器阵列测量的空间坐标;Δv为转

动引起的两光束频率差。当 RLG 旋转时,干涉条纹移动的方向取决于转动方向。

对于给定的积分时间段 $\Delta\tau_i$,由探测器阵列累计出的干涉条纹数 N_m 为

$$N_m = \int_0^{\Delta\tau_i} \Delta v \mathrm{d}t \tag{3.2}$$

由于 $\Delta v = (4a/p\lambda)\Omega$,可将 N_m 写为

$$N_m = \frac{4a}{p\lambda} \int_0^{\Delta\tau_i} \Omega \mathrm{d}t = \frac{4a}{p\lambda}\theta = S\theta \tag{3.3}$$

式中:a 和 p 分别为光腔的面积和周长;θ 为时间 $\Delta\tau_i$ 内陀螺仪的总旋转角;$S = 4a/p\lambda$ 为所有基于有源光腔或无源光腔陀螺仪的标度因数。式(3.3)表明,旋转角与探测器累计的干涉条纹数成线性关系。

3.2 氦—氖 RLG 误差源

在理想情况下,角速度 Ω 与频移 Δv 成严格的线性关系,任何破坏这种线性关系的因素都可视为影响 RLG 性能的误差源。从实用角度来讲,通常考虑氦—氖 RLG 3 种主要的误差源:零偏、锁模和标度因数。关于氦—氖 RLG 中误差源的介绍可参见参考文献[14]。

3.2.1 零源

零源是指输入角速度为零时两束光间存在的非零频率差。考虑零源的影响,角速度 Ω 和频移 Δv 之间的关系表达式可写为

$$\Delta v = \frac{4a}{p\lambda}\Omega + K_0 = S\Omega + K_0 \tag{3.4}$$

式中:K_0 为偏值项。真实的偏值随时间变化且无法预测,高性能氦—氖 RLG,其偏值约为 $0.01°/\mathrm{h}$。

对于两个相反方向传播的光信号,偏值漂移取决于光腔内相对相反传播的光信号的局部的各向异性源。激活激光介质中的主要各向异性源称为朗缪尔流[15]。直流电激发的等离子区中,存在中性原子的运动,它们沿发射管的中线向负极运动而后沿管壁向正极运动,如图 3.3 所示。激光穿过气体,其能量集中在管中央,所以混合气体朝负极方向流动。这种原子流动会引起折射系数的偏移,并与对应的激光能量及气流方向有关。这种偏移会引起谐振腔内的各向异性,通过使用两个正极和一个负极的对称结构,可有效地减少各向异性。商用

氦—氖 RLG 均采用这种对称结构。

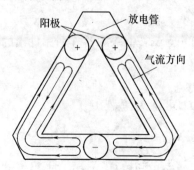

图 3.3　对称结构氦—氖 RLG 中的气体流动

3.2.2　闭锁

锁模(也称闭锁)是一种不良效应,旋转角速度较小时,闭锁会使相反传播光束间的频率差消失。当角速度小于临界值时,两个相反传播的波之间的相互作用会将其"锁"在一起,然后两光束以同一频率振荡,使得频率差 $\Delta v = 0$。产生这种相互作用的主要原因是两束光中一小部分功率发生反向散射。反向散射与反射镜或其他光学元件的瑕疵有关,为减少这种不良的物理效应,反射镜的制造技术应尤其精确。对反射镜制作及抛光等技术精度的高要求,使氦—氖 RLG 价格非常昂贵。20 世纪 70 年代至 80 年代,一项有价值的研究成果可以从理论上描述闭锁的机理[16-19]。

根据半经典激光理论[20],出现反向散射时,可用如下微分方程对顺时针光信号和逆时针光信号之间总相移 ψ 进行建模[21],即

$$\frac{\mathrm{d}\psi}{\mathrm{d}t} = S\Omega + b\sin\psi \tag{3.5}$$

式中: b 为具有频率单位的反向散射系数,且认为所有的反射均在激活腔内。若 $b \ll S\Omega$ (大 Ω 值情况),式(3.5)不存在稳态解,此时,两信号的频率差与角速度成正比。如果 b 近似等于 $S\Omega$ (小 Ω 值情况),式(3.5)存在一个稳态解,此时,两信号间的频率差消失。基于此,RLG 静态特性中存在一个范围从 $-\Omega_L$ 到 Ω_L (Ω_L 是死区临界角速率)的死区,如图 3.4 所示。

为了减少闭锁效应的不良影响,利用外部控制的常值偏值加在实际的角速度中,使 RLG 始终工作在非锁区域内。许多技术可以产生这种常值偏值,如陀螺仪的物理转动[22],插入无源元件使两个光路间产生常值频率差[23],在环形腔内引入法拉第盒[24,25]和应用磁镜[26-28]等。对于典型的 Ω_L,常值偏值应接近

18

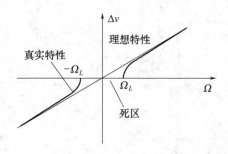

图 3.4 氦—氖 RLG 静态特性的闭锁效应

10^6 h,但技术上很难保持如此大的常值偏值。

对系统施加由正弦波规律控制的时变偏值量,可以解决上述技术难题。产生这类偏值最常用的是一种机械方法。此时,陀螺仪沿一个方向和其相反方向交替旋转,这种方法称为机械抖动,通过将 RLG 装在旋转系统上,采用压电式转换器实现 RLG 的抖动。另外,还可以利用法拉第光电盒产生的变化磁场实现交替技术。

引入时变交替的偏值会引起动态闭锁,即对于一定范围的输入角速度,RLG输出跟随抖动频率而不敏感旋转角速度。为解决这个问题,需建立每个偏值抖动周期中初始相位的随机变量[29],通过增加振幅噪声提纯正弦抖动信号来实现。但随机化的正弦抖动会为 RLG 产生一个角度随机游走量($W_{\mathrm{ARW},d}$)[30],即

$$W_{\mathrm{ARW},d} = \Omega_L \sqrt{\frac{S}{2\pi\Omega_D}} \qquad (3.6)$$

式中:Ω_D 为正弦抖动信号的幅值。式(3.6)表明,出现机械抖动时,由于闭锁($= 2X_L$)ARW 与死区宽度($2\Omega_L$)成比例。

使用能承载多对反向传播模的环形腔,可以有效地减少闭锁效应带来的不利影响[31]。参考文献[32]首次提出采用四谐振模式多振荡器环形激光陀螺仪,结构如图 3.5(a)所示,两个相反的右旋圆偏振模和两个相反的左旋圆偏振模在其中传播。互逆的零偏用于不同圆偏振上相反模的分频,非互逆零偏则用于相同圆偏振上相反模的分频(图 3.5)。左旋圆偏振谐振模和右旋圆偏振谐振模之间的频率差为

$$\Delta v_{\mathrm{LCP}} = \Delta v_0 + S\Omega \qquad (3.7)$$

$$\Delta v_{\mathrm{RCP}} = \Delta v_0 - S\Omega \qquad (3.8)$$

由式(3.7)、式(3.8)可知,Δv_{LCP} 和 Δv_{RCP} 的差值为 $2S\Omega$。这种传感器通过测量 $\Delta v_{\mathrm{LCP}} - \Delta v_{\mathrm{RCP}}$ 的值便可估计出转动角速度,而且标度因数等于 $2S$。

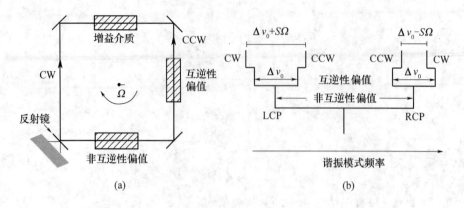

图 3.5　四波 RLG 基本结构图(a)与四波 RLG 频率图(b)

非互逆偏值可由光腔内元件的法拉第效应得到(如微分激光陀螺[33]和零锁激光陀螺[34]的应用),也可由增益介质自身的塞曼效应[35,36]得到。

在 RLG 中激发短光脉冲[37,38],也可减少闭锁的不利影响。这种方法增加了 RLG 的复杂度,并不能有效地提高传感器性能。

3.2.3　标度因数

实际氦—氖 RLG 的标度因数 S 不完全等于 $4a/p\lambda$,参考文献[39]说明,实验测得的陀螺标度因数 S^* 为

$$S^* = S(1 - \delta) \tag{3.9}$$

式中:δ 为修正因数,其值大于 0 且与环形激光器的输出功率、激光增益和增益介质扩散有关。氦—氖 RLG 标度因数与 S 的偏差数量级为 10^{-6}。

3.3　氦—氖 RLG 的量子噪声

由于自发发射,氦—氖 RLG 中产生的光信号具有随机相位,可用稳态随机过程对随机相位进行建模。在可观测的陀螺仪输出中,随机相位变量是最主要的噪声成分,决定了陀螺仪可实现的最大值(量子噪声)。参考文献[40,41]对氦—氖 RLG 量子噪声进行了理论研究。对于一个直径 20cm 且工作波长为 633nm 的氦—氖 RLG,由量子噪声引起的 ARW 误差近似为 $2 \times 10^{-4}°/\sqrt{h}$。

对于正弦抖动随机化的氦—氖 RLG,由抖动引起的角随机游走系数约比自发发射引起的角随机游走系数大一个数量级($ARW_d \approx 2 \times 10^{-3}°/\sqrt{h}$)。若氦—氖 RLG 无机械抖动,那么,角随机游走只与量子噪声有关。参考文献[42]对工

作在量子噪声的 RLG 进行了论证。

参考文献[43]指出,用二氧化碳作增益介质可以减小量子噪声和反射噪声的影响,从而提高氦—氖 RLG 性能。事实上,与氦—氖 RLG 相比,二氧化碳 RLG 工作功率更大、波长更长($10.4\mu m$ 或 $9.4\mu m$)。腔内功率增大可以使量子噪声减小,反向散射减少也有同样的作用,而反相散射随工作波长的增大而减少,因此二氧化碳 RLG 可作为一种有效的选择。但目前暂没有充足的实验数据来完成氦—氖 RLG 和二氧化碳 RLG 两者性能的比较。

3.4 固态激光陀螺仪

氦—氖 RLG 中采用的气体增益介质会影响陀螺的稳定性和工作寿命,参考文献[44]探究了在 RLG 中,采用 Nd:YAG 光学放大器作为一种固态增益介质替代氦氖的方案。固态 RLG 的结构如图 3.6 所示,增益介质嵌入在由 4 块反射镜形成的方形光腔中,得到工作波长为 1064nm 的分光纤固体环形激光器,采用 808nm 连续激光二极管发射激光,并在 RLG 中形成两束相反传播的激光,也可用作角速率测量[45]。

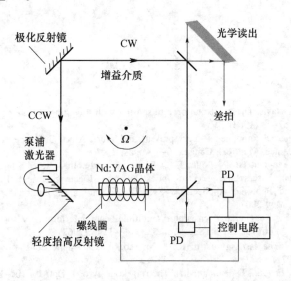

图 3.6 固态 RLG 结构图

不同于氦—氖环形激光器,在 Nd:YAG 环形激光器中,很难实现顺时针和逆时针两个方向上谐振模式的同时激发,因此这类激光器通常都是单向工作。这是由于增益介质的非均匀饱和会导致粒子数反转衍射光栅,在两束相反传播的光束间产生强烈的相互作用。在两束光间引入附加作用源来对抗增益饱和引起的相互影响,可实现双向 Nd:YAG 环形激光器。在此设备中,外部控制的耦合是由于光损耗造成,这与顺时针和逆时针两束信号的情况不同。在应用中值得注意的是,需要采用合适的激光使谐振模有足够的功率级来经受最大限度的损耗。

对于角速度值大于 $100°/s$($=360000°/h$)的情况,周长超过 20cm 的设备具有良好的线性度,能够敏感旋转运动,当角速度在 $19°/s$($=68400°/h$)和 $100°/s$ 的范围内时,陀螺仪线性度下降,当 $\Omega < 19°/s$ 时,谐振模强度变得不稳定并且测量不到差拍信号,于是,在这种陀螺仪($\Omega_L = 19°/s$)的静态特性中出现了从 $-19°/s$ 到 $19°/s$ 的死区。参考文献[46]讨论了幅值为 $0.47\mu m$、频率为 168kHz 的 Nd:YAG 晶体正弦振荡对固态 RLG 性能的影响。沿有源腔光轴的晶体振荡可将 Ω_L 减小至 $5°/s$($=18000°/h$)。

最近,参考文献[47]指出一种采用垂直腔面发射激光器(VCSEL)作为光放大器的固态 RLG,由半导体激光二极管构成的锢砷化镓(GaAs)VCSEL 装置在由三面反射镜形成的光腔中,该类 RLG 的性能与基于 Nd:YAG 放大器的固态 RLG 的性能相似。

参 考 文 献

1. Macek, W.M., Davis, D.T.M.: Rotation rate sensing with travelling-wave ring lasers. Appl. Phys. Lett. **2**, 67–68 (1963)
2. Barbour, N.: Inertial components—past, present, and future. AIAA Guidance, Navigation and Control Conference, Montreal, Canada, 6–9 August 2001
3. Schwartz, S., Feugnet, G., Pocholle, J.-P.: Diode-pumped solid-state ring laser gyroscope. Conference on Lasers and Electro-Optics/Quantum Electronics and Laser Science Conference and Photonic Applications Systems Technologies, Baltimore, USA, paper JThD47, 6–11 May 2007
4. Rosenthal, A.H.: Regenerative circulatory multiple-beam interferometry for the study of light-propagation effects. J. Opt. Soc. Am. **52**, 1143–1148 (1962)
5. Aronowitz, F.: The laser gyro. In: Ross, M. (ed.) Laser Applications. Academic Press, New York (1971)
6. Faucheux, M., Fayoux, D., Roland, J.J.: The ring laser gyro. J. Opt. **19**, 101–115 (1988)
7. Wilkinson, J.R.: Ring lasers. Progr Quantum Electron **11**, 1–103 (1987)
8. Heer, C.V.: History of the laser gyro. Proc. SPIE **487**, 2–12 (1984)
9. Killpatrick, J.: The laser gyro. IEEE. Spectr. **4**(10), 44–55 (1967)
10. Lim, W.L., Hauck, J.P., Raquet, J.W.: Pentagonal ring laser gyro design. US Patent # 4,705,398, 1987
11. Simms, G.J.: Ring laser gyroscopes. US Patent # 4,407,583, 1983.
12. Aronowitz, F.: Effects of radiation trapping on mode competition and dispersion in the ring laser. Appl. Opt. **11**, 2146–2152 (1972)

13. Aronowitz, F.: Single-isotope laser gyro. Appl. Opt. **11**, 408–412 (1972)
14. Bretenaker, F., Lépine, B., Le Calvez, A., Adam, O., Taché, J.-P., Le Floch, A.: Resonant diffraction mechanism, nonreciprocity, and lock-in in the ring-laser gyroscope. Phys. Rev. A **47**, 543–551 (1993)
15. Podgorski, T.J., Aronowitz, F.: Langmuir flow effects in the laser gyro. IEEE. J. Quantum Electron. **QE-4**, 11–18 (1968)
16. Aronowitz, F., Collins, R.J.: Mode coupling due to backscattering in a He–Ne travelling-wave ring laser. Appl. Phys. Lett. **9**, 55–58 (1966)
17. Aronowitz, F., Collins, R.J.: Lock-in and intensity-phase injection in the ring laser. J. Appl. Phys. **41**, 130–141 (1970)
18. Spreeuw, R.J.C., Neelen, R.C., van Druten, N.J., Eliel, E.R., Woerdman, J.P.: Mode coupling in a He–Ne ring laser with backscattering. Phys. Rev. A **42**, 4312–4324 (1990)
19. Kataoka, I., Kawahara, Y.: Dependence of lock-in and winking pattern on the phase-interaction of scattering waves in the ring laser. Jpn. J. Appl. Phys. **25**, 1365–1372 (1986)
20. Scully, M.O., Zubairy, M.S.: Quantum Optics. Cambridge University Press, Cambridge (1997)
21. Chow, W.W., Gea-Banacloche, J., Pedrotti, L.M., Sanders, V.E., Schleich, W., Scully, M.O.: The ring laser gyro. Rev. Mod. Phys. **57**, 61–104 (1985)
22. Thomson, A., King, P.: Ring-laser accuracy. Electron. Lett. **2**, 417 (1966)
23. Macek, W., Schneider, J., Salamon, R.: Measurement of Fresnel drag with the ring laser. J. Appl. Phys. **35**, 2556–2557 (1964)
24. Krebs, J., Maisch, W., Prinz, G., Forester, D.: Applications of magneto-optics in ring laser gyroscopes. IEEE. Trans. Magn. **16**, 1179–1184 (1980)
25. Hutchings, T., Winocur, J., Durrett, R., Jacobs, E., Zingery, W.: Amplitude and frequency characteristics of a ring laser. Phys. Rev. **152**, 467–473 (1967)
26. Andrews, D.A., King, T.A.: Sources of error and noise in a magnetic mirror gyro. IEEE J. Quantum Electron. **32**, 543–548 (1996)
27. Macek, M.: Ring laser magnetic bias mirror compensated for non-reciprocal loss. US Patent # 3,851,973, 1974
28. McClure, R.E.: Ring laser frequency biasing mechanism. US Patent # 3,927,946, 1975
29. Killpatrick, J.: Random bias for laser angular rate sensor. US Patent # 3,467,472, 1969
30. Aronowitz, F.: Fundamentals of the ring laser gyro. In: Loukianov, D., Rodloff, R., Sorg, H., Stieler, B. (eds.) Optical Gyros and their Applications. NATO Research and Technology Organization (1999)
31. Chow, W.W., Hambenne, J.B., Hutchings, T.J., Sanders, V.E., Sargent, M., Scully, M.O.: Multioscillator laser gyros. IEEE J. Quantum Electron. **QE-16**, 918–936 (1980)
32. de Lang, H.: Eigenstates of polarization in lasers. Phillips Res. Rep. **19**, 429–440 (1964)
33. Yntema, G.B., Grant, D.C., Warner, R.T.: Differential laser gyro system. US Patent # 3,862,803, 1975
34. Volk, C.H., Longstaff, I., Canfield, J.M., Gillespie, S.C.: Litton's second generation ring laser gyroscope. Proceedings of the 15th Biennial Guidance Test Symposium, Holloman Air Force Base, New Mexico, USA, pp. 493–502, 24–26 Sept 1991.
35. Sanders, V.E., Madan, S., Chow, W.W., Scully, M.O.: Beat-note sensitivity in a Zeeman laser gyro: theory and experiment. Opt. Lett. **5**, 99–101 (1980)
36. Azarova, V.V., Golyaev, Y.D., Dmitriev, V.G., Drozdov, M.S., Kazakov, A.A., Melnikov, A.V., Nazarenko, M.M., Svirin, V.N., Soloviova, T.I., Tikhmenev, N.V.: Zeeman laser gyroscopes. In: Loukianov, D., Rodloff, R., Sorg, H., Stieler, B. (eds.) Optical Gyros and their Applications. NATO Research and Technology Organization (1999)
37. Chesnoy, J.: Picosecond gyrolaser. Opt. Lett. **14**, 990–992 (1989)
38. Dennis, M.L., Diels, J.-C.M., Lai, M.: Femtosecond ring dye laser: a potential new laser gyro. Opt. Lett. **16**, 529–531 (1991)
39. Roland, J.J., Agrawal, G.P.: Optical gyroscopes. Opt. Laser Technol. **13**, 239–244 (1981)
40. Cresser, J.D., Louisell, W.H., Meystre, P., Schleich, W., Scully, M.O.: Quantum noise in ring-laser gyros. I. Theoretical formulation of the problem. Phys. Rev. A **25**, 2214–2225 (1982)

41. Schleich, W., Cha, C.-S., Cresser, J.D.: Quantum noise in a dithered-ring-laser gyroscope. Phys. Rev. A **29**, 230–238 (1984)
42. Dorschner, T.A., Haus, H.A., Holz, M., Smith, I.W., Statz, H.: Laser gyro at quantum limit. IEEE J. Quantum Electron. **QE-16**, 1376–1379 (1980)
43. Jacobs, G.B.: CO_2 laser gyro. Appl. Opt. **10**, 219–221 (1971)
44. Schwartz, S., Feugnet, G., Bouyer, P., Lariontsev, E., Aspect, A., Pocholle, J.-P.: Mode-coupling control in resonant devices: application to solid-state ring lasers. Phys. Rev. Lett. **97**, 093902 (2006)
45. Schwartz, S., Gutty, F., Pocholle, J.-P., Feugnet, G.: Solid-state laser gyro with a mechanically activated gain medium. US Patent # 0,042,225, 2008
46. Schwartz, S., Gutty, F., Feugnet, G., Loit, E., Pocholle, J.-P.: Solid-state ring laser gyro behaving like its helium-neon counterpart at low rotation rates. Opt. Lett. **34**, 3884–3886 (2009)
47. Mignot, A., Feugnet, G., Schwartz, S., Sagnes, I., Garnache, A., Fabre, C., Pocholle, J.-P.: Single-frequency external-cavity semiconductor ring-laser gyroscope. Opt. Lett. **34**, 97–99 (2009)

第 4 章　光纤陀螺仪

20 世纪 60 年代末,位于华盛顿的美国海军实验室开始研究光纤陀螺技术,目的是研制出比氦—氖环形激光陀螺仪的成本更低、制造流程更简单、精度更高的光纤角速率传感器[1]。虽然近几十年各国学者开展了大量的研究工作,光纤陀螺的精度仍未超越氦—氖环形激光陀螺仪,这主要归究于 RLG 强大的工业基础设施以及光纤陀螺本身对温度变化、振动等外部扰动的高敏感特性。

高、中、低不同级别的光纤陀螺精度取决于所用的光纤种类及光电检测系统的精度。一般光纤陀螺的偏值处于 $10°/h \sim 0.0002°/h$。通常,中、低精度的光纤陀螺仪被应用于机器人及汽车领域,而在航天领域,则需求高或非常高分辨率的光纤陀螺仪。例如,用于地球观测的昴宿星(Pleiades)卫星采用了一个漂移约为 $0.001°/h$ 的光纤陀螺仪[2]。最近,NASA 采用了一种基于光纤陀螺的惯性测量装置作为火星探测飞船的惯性导航系统。需要指出的是,航空领域需要相应的设备具有良好的抗外部振动干扰能力,因此其导航系统一般不采用光纤陀螺仪。

氦—氖环形激光陀螺仪牢牢占据着高精度的陀螺仪市场,被广泛应用于航空飞行器的惯导系统;而光纤陀螺仪则被有效地应用于具备较平稳运动环境的对象,如潜艇、航天飞船等。

目前,最为常见的光纤陀螺仪是相敏光纤陀螺,通过测量在一个光纤线圈中的两束反向传播光束的相移以敏感载体转动,从而计算出其角速率。由于相移的量测采用了干涉技术实现,因此这类陀螺仪被称为干涉式光纤陀螺仪(IF-OGs)。

光纤也可以用于构造无源光学环形谐振腔,且这种谐振腔可支持多种谐振模式。当光腔静止时,任一谐振模式均处于同一振荡频率,且该频率与光腔被光信号激励时的频率相同,与光信号的传播方向无关。当光腔旋转时,每个谐振模式都将产生两个振荡频率。一个振荡频率与顺时针传播方向相关,另一个与逆时针传播方向相关。两个振荡频率间的差值与旋转角速率成正比,这种基于光纤环形谐振腔的的光纤陀螺被称为谐振式光纤陀螺仪(RFOG)。

光泵光纤环式激光器既可通过布里渊或者雷曼散射实现,也可以用掺铒光纤实现。这种光纤环式激光器可作为有源光学陀螺仪的一个基本模块。当陀螺仪旋转时,光纤环式激光器中两束反向传播的光信号将产生频移,且光信号间的频率差与旋转角速率成正比。

关于光纤陀螺仪的一些综述可见于参考文献[3-7]。文献[8]搜集了大量的关于光纤陀螺仪的论文,可供参阅。

本章将依次讲述干涉式光纤陀螺仪、谐振式光纤陀螺仪和基于光纤环式激光器的光纤陀螺仪的原理,并分别概述其各自主要特性及优缺点。

4.1 干涉式光纤陀螺仪

前文中已经提及,旋转使得在光纤线圈中相反传播的两束光信号产生相位差 $\Delta\varphi$,且该相位差与旋转角速度成正比。

图 4.1(a) 中给出了干涉式光纤陀螺仪的基本结构图[9]。光源产生一束光信号后,随即被分束器分成两束。这两束光分别被两个棱镜导入多匝光纤线圈的两端。两束反向传播的光在光纤线圈的两端又被分束器重组,由干涉所产生的光信号被传输至光电探测器,可得旋转所引起的相位差 $\Delta\varphi$ 的表达式为

$$\Delta\varphi = \frac{8\pi^2 R^2}{c\lambda}k\Omega = \frac{4\pi LR}{c\lambda}\Omega \tag{4.1}$$

式中:λ 为两束反向传播的光波长(传感器工作波长);R 为光纤线圈半径;c 为真空中的光速;k 为光纤线圈匝数;L 为光纤总长度。

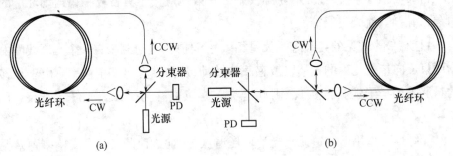

图 4.1 干涉式光纤陀螺基本结构图(a)与干涉式光纤陀螺互易性结构(b)

陀螺仪的标度因数取决于光波长、线圈半径及线圈匝数 k。因此,对于一个给定的尺寸,可通过增加线圈匝数 k 来增强陀螺仪灵敏度。但是,受光纤衰减的限定,光纤长度不能无限增大。

由于分束器使发射光束和反射光束间引入了 π/2 的相移,因此图 4.1(a)中是非互易的,即陀螺仪静止时,光电探测器处的两束光相位不同。在通过分束器时,沿顺时针反向传播的信号被反射两次,而沿逆时针反向传播的信号被发射两次。因此,当陀螺静止时,在光电探测器处顺、逆时针信号之间将产生 π 的相移。

互易性问题可通过引入互易结构(或最小结构)来解决,如图 4.1(b)所示[10]。

在互易结构中,顺、逆时针信号在通过分束器时均被反射两次、发射两次,这样可以保证陀螺仪输入角速率为零时,在光电探测器处的两束光同相。

上文中提及,光电探测器检测的光信号是两束反向传播的光之间产生干涉的结果。其时变功率 P_{pd} 的表达式为

$$P_{pd}(t) = \frac{P_{in}}{2}\{1 + \cos[\Delta\phi(t)]\} \tag{4.2}$$

式中:P_{in} 为输入信号的光功率;$\Delta\phi(t)$ 为两个干涉信号间的时变相移。当 $\Delta\phi(t)$ 等于由旋转引入的相移 $\Delta\varphi$ 时(在顺、逆时针波束均未被调制情况下),干涉式光纤陀螺仪对小角速率的灵敏度较差。而当 $\Delta\phi(t)$ 在 ±π/2 附近时,光电探测器对角速率的灵敏度达到最大值。通过对顺、逆时针信号进行相位调制,可以保持陀螺仪一直工作在对角速率最灵敏的工作点上。如图 4.2 所示,在分束器后引入一个光学相位调制器,以调制光信号[11]。典型的调制信号是周期为 $2\Delta\tau$ 的方波(频率以 MHz 为单位),其中 $\Delta\tau$ 表示两束反向传播的光从分束器到达相位调

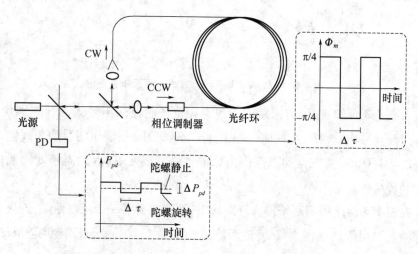

图 4.2　干涉式光纤陀螺顺、逆时针光束相位调制示意图(开环式)

27

制器的时间差。通过调制器后,对光信号施加的相移 ϕ_m 为 $\pm\pi/4$。当引入相位调制器后,$\Delta\phi(t)$ 可表示为

$$\Delta\phi(t) = \Delta\phi + \phi_m(t) - \phi_m(t - \Delta\tau) \tag{4.3}$$

式中:$\phi_m(t)$ 为加载在顺时针信号上的相移;$\phi_m(t - \Delta\tau)$ 为加载在逆时针信号上的相移。由于调制信号的周期为 $2\Delta\tau$,又有

$$\Delta\phi = \Delta\varphi \pm \pi/2 \tag{4.4}$$

因此,当陀螺仪静止时,P_{pd} 等于 $P_{in}/2$。当陀螺仪旋转时,结合式(4.2),可推得 P_{pd} 的表达式为

$$P_{pd}(t) = \frac{P_{in}}{2}\{1 + \cos(\Delta\varphi \pm \pi/2)\} = \frac{P_{in}}{2}\{1 \mp \sin(\Delta\varphi)\} \tag{4.5}$$

干涉式光纤陀螺仪所敏感到的角速率与 $P_{pd}(t)$ 在相邻时间内的差值 ΔP_{pd} 成正比。图4.3给出了 $\Delta P_{pd}/P_{pd}$ 与旋转角速率之间的关系,所用 IFOG 光纤总长度为1km,光纤环半径为10cm,工作波长为 $1.55\mu m$。

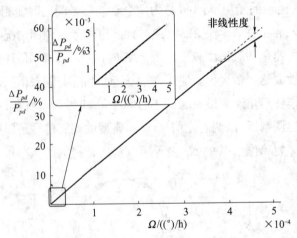

图 4.3　$\Delta P_{pd}/P_{pd}$ 与旋转角速率的关系示意图

由图4.3可知,在反馈回路中不包含相位调制器的干涉式光纤陀螺仪(通常称为开环结构),对于大 Ω 值($>10°/s = 36000°/h$)表现出明显的非线性。由于高性能 IFOG 需要在全动态范围内保证良好的线性度,因此高精度领域很少采用开环结构。

在图4.4给出的闭环结构光纤陀螺中,陀螺包含了一个反馈回路,连接了光电探测器与相位调制器[12]。反馈回路的作用是产生一个与旋转引起相移 $\Delta\varphi$ 相反的反馈相移 ϕ_{fb}。因此,闭环结构中干涉信号的时变相移可表示为

$$\Delta\phi(t) = \Delta\varphi + \phi_m(t) - \phi_m(t - \Delta\tau) + \phi_{fb}(t) - \phi_{fb}(t - \Delta\tau) \tag{4.6}$$

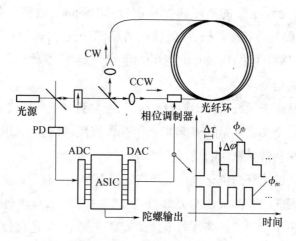

图 4.4　闭环干涉式光纤陀螺仪

式中: $\phi_{fb}(t)$ 为加载在顺时针信号上的反馈相移; $\phi_{fb}(t-\Delta\tau)$ 为加载在逆时针信号上的反馈相移。

在最近研制的干涉型光纤陀螺仪中, 两个相移 ϕ_{fb} 与 ϕ_m 可设为有限值集, 且由相位调制器加载的总相移为两者之和 $\phi_{fb}+\phi_m$。其中 ϕ_m 是前文中给出的周期为 $2\Delta\tau$、幅值为 $\pm\pi/4$ 的方波; 而 ϕ_{fb} 则是以 $\Delta\varphi$ 为相位跳跃、$\Delta\tau$ 为时间间隔的阶梯波 (见图 4.4 插图)。

两个相移 ϕ_{fb} 与 ϕ_m 具有如下的时变特性, 即

$$\begin{cases} \phi_{fb}(t) - \phi_{fb}(t-\Delta\tau) = -\Delta\varphi \\ \phi_m(t) - \phi_m(t-\Delta\tau) = \pm\pi/2 \end{cases} \quad (4.7)$$

结合式 (4.6) 可知, $\Delta\phi(t) = \pm\pi/2$ 时, 传感器工作在最灵敏区, 且有效地减小了响应的非线性特性。

负反馈回路中包含了一个模数转换器 (ADC)、一个专用集成电路 (ASIC) 及一个数模转换器 (DAC)。模数转换器将光电探测器产生的电信号转换为数字形式。专用集成电路处理数字形式的信号, 以产生数字形式的调制信号, 形成传感器输出。最后, 数模转换器将数字形式的调制信号转换成模拟信号, 该模拟信号将被传输至相位调制器。

干涉式光纤陀螺仪的性能受限于光纤线圈的非互易性效应。

二氧化硅的折射率取决于光束的光功率, 由于顺逆时针光信号的光功率不同, 二氧化硅折射率的类克尔非线性特性将可能引入两个光束间的相移[13]。采用宽带光源可以大大减小这种负面效应的影响。

二氧化硅的折射率与温度有关, 1K 的温度变化将引起约 10^{-5} 的折射率变

化,这就意味着光纤线圈的温度梯度将由舒培(Shupe)效应引起传感器的误差[14]。光纤线圈的总长度越长,该效应越明显,但可通过采取特殊的绕线方法解决,如二极对称绕线法、四极对称绕线法等[15]。此外,振动也会严重影响干涉式光纤陀螺仪的精度。

瑞利散射是由于光纤密度不均匀产生的,会导致光纤陀螺仪中的顺、逆时针两束光产生能量交换[16]。由于瑞利散射的弹性特性,可通过选用宽频带光源有效降低由背向瑞利散射造成的噪声。

由辐射诱发的光纤暗色化包括由于高能辐射与光纤材质的反应而产生的光纤损耗增长。损耗增长的大小与光纤材料、辐射类型(伽马辐射极具代表性)、辐射剂量及剂量率相关。在高性能干涉式光纤陀螺中,暗色化效应一般通过光源功率控制回路控制宽频带光源的功率来补偿。

顺、逆时针两束光的偏振不稳定性也会使光纤陀螺仪的性能大打折扣,采用保偏光纤可以很好地解决该问题。

光纤陀螺仪最主要的部件是光纤线圈和光源。光纤线圈既可以选用单模通信光纤,也可选用保偏单模光纤,保偏单模光纤可批量供应,但价格更为昂贵。近年来,单模空心光隙(PBG)光纤正取代传统的光纤,用于提高光纤陀螺的性能[17,18]。参考文献[19]证实,单模空心光纤能抑制空气中的传导模。由于单模空心光隙光纤抑制了空气中绝大多数的光功率,从而能有效降低克尔效应及舒培效应的影响,这归因于空气比硅材料的折射率对温度及光功率变化更不敏感。

之所以选择宽频带光源,是因为宽频带光源能将瑞利背向散射及克尔效应对陀螺仪精度的影响最小化。较为常用的是超发光二极管(发射波长约为 $8\mu m$ 的光)或者基于掺铒光纤的放大自发发射光源(发射波长约为 $1.55\mu m$ 的光)。对于高精度干涉式光纤陀螺,由于对温度变化表现为更明显的漂移,因此,通常选用基于掺铒光纤的宽频带光源。

时变的温度梯度、振动、偏振不稳定性、瑞利背向散射及克尔效应等噪声源,限制了光纤陀螺的分辨率。通常,光纤陀螺仪的设计重点是使所有的噪声源低于光电探测器的散粒噪声,这样光纤陀螺可以处于散粒噪声抑制模式下工作。此时,陀螺仪最小可检测角速率为

$$\delta\Omega = \frac{c\lambda}{4RL}\sqrt{\frac{Bhc}{\eta\lambda P_{pd}}} \times \frac{3600 \times 180}{\pi} = \frac{c\lambda}{4RL}\prod \times \frac{3600 \times 180}{\pi} \quad ((\circ)/h)$$

$$(4.8)$$

式中: P_{pd} 为光电探测器输入端的平均功率; η 为光电探测器的效率; B 为传感器

带宽;h 为普朗克常量,$\Pi = (Bhc/\eta\lambda P_{pd})^{1/2}$ 为与探测系统性能相关的无量纲参数。依据最小可检测角速率与 $RL\sqrt{P_{pd}}$ 成反比这一关系,可以通过增加 $RL\sqrt{P_{pd}}$ 的值提高陀螺仪的精度。

图 4.5 给出了带宽为 20Hz、工作波长为 1.5μm 的光纤陀螺,在 P_{pd} 分别为 0.1mW、0.3mW、0.5mW 时,$R \times L$ 的乘积与最小可测角速率间的关系。由图可知,随着 P_{pd} 变大,陀螺仪的敏感度也增加,但是由于克尔效应的存在,过大的 P_{pd} 会导致传感器的误差。随着 $R \times L$ 乘积的变大,最小可测角速率单调递增。一般 R 的取值为 5~10cm,而 L 则需要视光纤陀螺的敏感度而定,通常在千米量级。例如,若 $R = 5$cm,$P_{pd} = 0.3$mW,当 L 从 1km 变化到 4km 时,陀螺最小可测角速率也将会从 0.06°/h 变化到 0.015°/h。

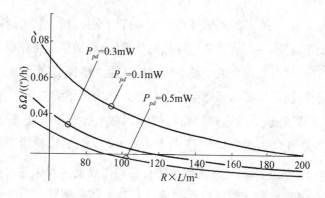

图 4.5　最小可检测角速率与 $R \times L$ 的关系示意图

图 4.6 给出了一种新近研制的高性能干涉式光纤陀螺仪典型结构图。其最为关键的传感器元件为宽带光源、单模保偏光纤线圈、多功能集成光学芯片及反馈回路。

基于掺铒光纤的放大自发发射宽带光源包括了一个工作点在 980nm 的泵浦激光二极管、用于反射泵浦信号及产生信号(中心波长在 1550nm 附近)的两个布雷格光栅、一段掺铒光纤以及一个隔离器。通过光电探测器及提供泵浦激光的二极管注入电流电路组成功率调节回路,可以控制光源的光功率。

集成光学芯片通常采用铌酸锂($LiNbO_3$)技术,包含一个偏振波导、一个 Y 形结耦合器及一个相位调制器。

反馈回路中采用一个模数转换器、一个专用集成电路及一个数模转换器,用于产生调制信号。

由光源产生的一小部分光信号(通常为 1%~5%)被第一个光纤耦合器传

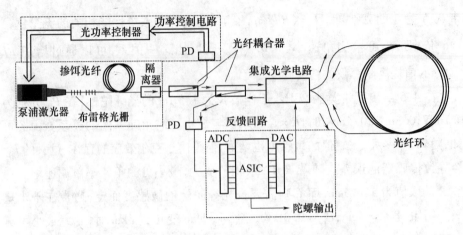

图 4.6 一种典型新近研制的光纤陀螺仪结构图

输至功率控制回路,而剩下的光信号将被直接传输至集成光路,继而被分成两路光信号。两束光先被调制,然后沿光纤线圈传播,最终两束光将在集成光电路处相遇。顺、逆时针两束光产生的干涉条纹被输送至光电探测器,光电探测器将产生相应的电信号,经由反馈回路产生调制信号并作为传感器输出。

干涉式光纤陀螺仪可以达到很高的精度。对于航天领域应用的光纤陀螺,其陀螺性能参数可以达到常值漂移小于 $3 \times 10^{-4}°/h$,随机游走系数小于 $8 \times 10^{-5}°/\sqrt{h}$[20]。但是,干涉式光纤陀螺仪仍存在对温度变化及振动的高度敏感问题,尚未像氦—氖环形激光陀螺仪那样完全解决。氦—氖环形激光陀螺仪在高精度应用领域处于绝对优势,主要是由于光纤陀螺仪自身的不足以及激光陀螺对检测元件更为简易的要求。

光纤陀螺的一个极具前景的发展方向是利用标准电信光纤(非保偏)实现高性能的陀螺仪,因为这可以大大降低光纤陀螺的成本。

4.2　谐振式光纤陀螺仪

环形谐振器是一种可以产生周期性光谱响应的光学器件。光谱周期响应,也可称为自由谱宽,表示的是两个相邻的谐振频率之间的差值。在谐振器中,在光信号出现的相移值为 π 的偶数倍时,就发生谐振。当谐振器静止时,其光谱响应与腔体中光的传播方向无关。当谐振器旋转时,腔体光谱响应与受相移激励的方向有关,而该相移与旋转角速率成正比。环形激光器用于估计角速率的光信号在激光腔内产生,而无源环形谐振光纤陀螺,其光信号的产生腔体位于环形谐振器外部。因此,谐振式光纤陀螺仪(RFOGs)是一种无源式的光学陀螺。

光学环形谐振腔既可以由光纤技术产生,也可以由集成光学技术产生。参考文献[21]第一次提及一种无源式陀螺仪的思路,就是将由分立光学器件构成的自由空间光学谐振腔作为敏感元件。利用集成光学技术实现无源式光学陀螺的方法将在下一章中提及。

作为谐振式光纤陀螺的基本构件,光纤环形谐振器主要由一段单模光纤及一两段用于激励谐振器和观测光谱响应的光纤构成。谐振器通过耦合器与光纤连接。在仅包含一个耦合器的结构中(图4.7(a)),只有一个输入端口和一个输出端口(也称为贯穿端口或反射端口)。该端口处的光谱响应表现为多个相应谐振频率的最小值。而在包含两个耦合器的结构中,如图4.7(b)所示,有两个输出端口(也称为贯穿端口或反射端口以及下载端口或传输端口)。在下载端口的光谱响应表现为多个相应谐振频率的最大值。

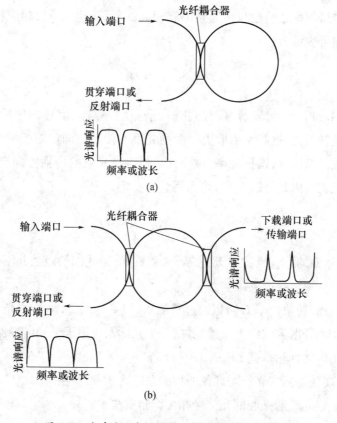

图 4.7 含有光纤耦合器的环形谐振器典型结构

(a) 含一个耦合器; (b) 含两个耦合器。

在环形谐振腔中,谐振条件为

$$\beta \pi d = 2q\pi \qquad (4.9)$$

式中:q 为一个整数,且通常被称为谐振阶数;β 为回路的传播常量;d 为回路直径。谐振频率值与谐振阶数 q 相关。当谐振腔静止时,谐振频率可表示为

$$v_{q,0} = q \frac{c}{\pi d n_{\text{eff}}} \qquad (4.10)$$

式中:n_{eff} 为谐振腔中光模传播有效折射率。

在第 2 章中所述,相反传播的光束谐振频率会被旋转运动分离,其表达式分别为

$$v_q^{\text{CW}} = q \frac{c - \frac{d}{2}\Omega}{\pi d n_{\text{eff}}} \qquad v_q^{\text{CCW}} = q \frac{c + \frac{d}{2}\Omega}{\pi d n_{\text{eff}}} \qquad (4.11)$$

式中:Ω 为旋转角速率。

两个谐振频率之差也与谐振频率有相同的量级(也为 q),相应相反传播的光束频率差可表示为

$$\Delta v = d \frac{v_{q,0}}{c} \Omega \qquad (4.12)$$

由式(4.11)可知,当谐振腔静止时,谐振频率与光信号的传播方向无关。当谐振器旋转时,谐振频率值取决于激励光束的传播方向。对于一个由多匝光纤线圈构成的谐振器,谐振频率之差与顺、逆时针光束的传播方向有关,而与线圈的匝数无关。因此,式(4.12)可重写为

$$\Delta v_{\text{multi-turn}} = \Delta v = d \frac{v_{q,0}}{c} \Omega \qquad (4.13)$$

通常,线圈的缠绕匝数用于提高谐振腔性能,但线圈的匝数并不会对由旋转引入的谐振频率之差产生影响。

很显然,旋转角速率 Ω 可以通过量测 Δv 得到。因此,谐振式光纤陀螺仪必须包含一个光纤谐振腔作为敏感元件,一个光学系统用于激励谐振器,一个光电检测电路用以估计频率差 Δv。

通常,实现谐振式光纤陀螺仪的检测系统有 3 种途径:

(1) 激励光纤谐振腔的光信号相位调制方法;

(2) 激励光纤谐振腔的光信号频率调制方法;

(3) 基于压电调制器的光纤谐振腔长度调制方法。

在以上 3 种情况中,都需要用两个锁定放大器(LIAs)。图 4.8 给出了该元件的框图。

输入信号经由放大器(图中标示为 A)、通带滤波器(图中标示为 PBF)后,与参考正弦信号做乘法运算。该正弦信号可以起到信号放大和移相的作用,其相移可被用于抑制参考信号与输入信号之间的相位差。经乘法运算后,信号将进行低通滤波和放大。

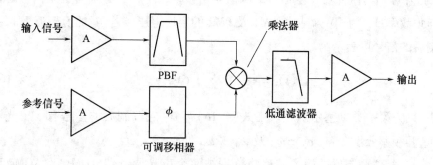

图 4.8　锁定放大器方框图

4.2.1　基于相位调制的检测技术

图 4.9 给出了基于相位调制的谐振式光纤陀螺仪检测系统的典型结构图[22],这种检测技术通常被称为调相谱检测技术。该方法需要分离光束,并对分离得到的两束光信号进行相位调制。相位调制的过程分别在 PM1 和 PM2 两个相位调制器中进行。

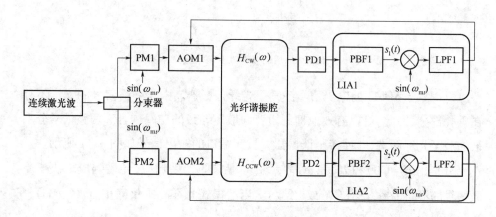

图 4.9　基于相位调制光谱的谐振式光纤陀螺仪检测系统结构图

经由相位调制后得到的信号可表示为

$$s_m(t) = \frac{E_0}{\sqrt{2}} e^{i[\omega_0 t + M_i \sin(\omega_m t)]} \qquad (4.14)$$

其中

$$M_i = \frac{\pi V}{V_\pi} \qquad (4.15)$$

E_0 与 ω_0 分别为激光器产生信号的幅值与角频率;V 与 ω_m 分别为正弦信号的幅值与角频率;V_π 为相位调制器 PM1 及 PM2 的半波电压。若 M_i 的值趋近于 1,被调制后的信号可表示为

$$s_m(t) = \frac{E_0}{\sqrt{2}} e^{i\omega_0 t} \sum_{\zeta=-2}^{2} J_\zeta(M_i) e^{i\zeta\omega_m t} \qquad (4.16)$$

式中:J_ζ 为第一类贝塞尔函数。由式(4.16)可知,经调制后的信号有 5 个光谱分量,其频率分别在 ω_0、$\omega_0 \pm \omega_m$ 及 $\omega_0 \pm 2\omega_m$ 处。

经过相位调制后的两个信号将分别被两个声光调制器 AOM1 及 AOM2 移频,其频移分别为 $\Delta\omega_1$ 和 $\Delta\omega_2$。图 4.10 给出了激光器的光谱、经相位调制后信号及频移后信号示意图。

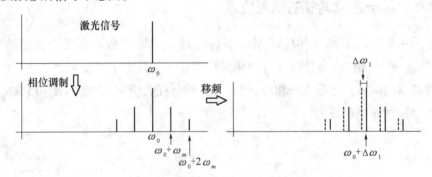

图 4.10 光源、相位调制信号及频移信号频谱示意图

AOM1 与 AOM2 的输出信号激励了光纤谐振器。由于两路信号的光谱不存在重叠部分,因此,可以有效地抑制由背向散射导致的功率耦合。两路信号分别被加载至光纤两端,并连接至谐振器。贯穿端口的输出信号如图 4.11 所示。

分别用 $H_{CW}(\omega)$ 和 $H_{CCW}(\omega)$ 表示贯穿端口的光谱响应,光谱响应取决于受激信号的不同传播方向(CW 或 CCW)。当谐振式光纤陀螺仪静止时,$H_{CW}(\omega) = H_{CCW}(\omega)$。

从光纤谐振器的贯穿口输出的两路信号被分别输送至两个光电探测器 PD1

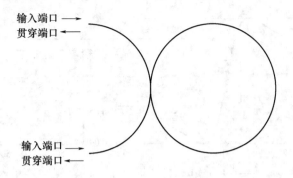

图 4.11 仅含一个耦合器的光纤环形谐振器激励示意图

与 PD2。由 PD1 与 PD2 产生的时变信号可表示为

$$s_{pd1}(t) = a_{pd1} \left| \sum_{\zeta=-2}^{2} J_\zeta(M_i) e^{i(\omega_0 + \Delta\omega_1 + \zeta\omega_m)t} H_{CW}(\zeta\omega_m) \right|^2 \qquad (4.17)$$

$$s_{pd2}(t) = a_{pd2} \left| \sum_{\zeta=-2}^{2} J_\zeta(M_i) e^{i(\omega_0 + \Delta\omega_1 + \zeta\omega_m)t} H_{CCW}(\zeta\omega_m) \right|^2 \qquad (4.18)$$

式中：a_{pd1} 与 a_{pd2} 分别为两个时变信号的幅值。

在锁定放大器中，$s_{pd1}(t)$ 与 $s_{pd2}(t)$ 为通过带通滤波器(滤波器中心频率为 ω_m)后得到的频率为 ω_m 的两个正弦信号。由于任意一个正弦函数都可表示为一个正弦函数(同相分量)与余弦函数(异相分量)之和,因此,带通滤波器输出的信号刻表示为

$$\begin{cases} s_1(t) = A_1\cos(\omega_m t) + B_1\sin(\omega_m t) \\ s_2(t) = A_2\cos(\omega_m t) + B_2\sin(\omega_m t) \end{cases} \qquad (4.19)$$

参考文献[23]中证明,带通信号正交分量的幅值(B_1、B_2)与下述差值正比,即

$$\frac{\omega_0 + \Delta\omega_1}{2\pi} - v_q^{CW}$$

$$\qquad (4.20)$$

$$\frac{\omega_0 + \Delta\omega_2}{2\pi} - v_q^{CCW}$$

式中：v_q^{CW} 与 v_q^{CCW} 分别为沿顺、逆时针方向传播的谐振频率。图 4.12 给出了 B_1 与 $(\omega_0 + \Delta\omega_1)/2\pi - v_q^{CW}$ 的关系示意图。如果该频率差在 $\pm10\text{kHz}$ 间变化时,B_1 就与 $(\omega_0 + \Delta\omega_1)/2\pi - v_q^{CW}$ 成正比,B_2 与 $(\omega_0 + \Delta\omega_2)/2\pi - v_q^{CCW}$ 也成正比。

两个锁定放大器允许提取正交分量的幅值 B_1、B_2。实际上,在锁定放大器中,$s_1(t)$ 与 $s_2(t)$ 频率为 ω_m 的正弦调制信号相乘,然后再通过低通滤波器。在锁定放大器输出端的直流信号将被用作两个反馈回路中的误差信号,经由反馈

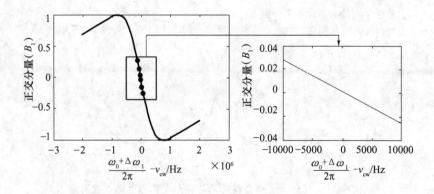

图 4.12　正交分量(B_1)与($\omega_0 + \Delta\omega_1$)/2π$- v_q^{\text{CW}}$ 的关系示意图

回路驱动 AOM1 与 AOM2。在这种模式中,反馈回路将($\omega_0 + \Delta\omega_1$)/2π 与 v_q^{CW} 锁定,将($\omega_0 + \Delta\omega_2$)/2π 与 v_q^{CCW} 锁定。若锁定成功,$\Delta\omega_1 - \Delta\omega_2$ 将与旋转角速率成正比。

　　基于相位调制光谱的检测机构也可进行相应的改进,如图 4.9 所示。特别需要指出的是,也可以通过调谐激光器的方法进行频移。此时,就可不采用 AOM1 与 AOM2[24]。而且,驱动 PM1 与 PM2 的调制电信号可以是数字阶梯波或是三角波[25,26]。

4.2.2　基于频率调制的检测技术

　　除了可用激励光学谐振腔的光学相位调制外,还可用光信号频率调制方法,这种检测技术称为光谱频率调制。图 4.13 给出这种方法的典型结构示意图[27]。

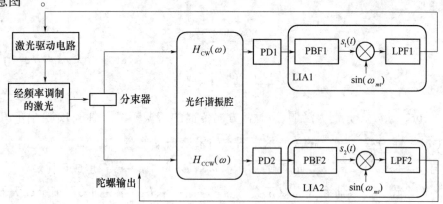

图 4.13　基于频率调制光谱检测技术的谐振式光纤陀螺仪结构示意图

设调制信号为余弦信号,信号的表达式为

$$s_m(t) = \frac{E_0}{\sqrt{2}} e^{i\left[\omega_0 t + M_f \int_{-\infty}^{t} \cos(\omega_m t)\mathrm{d}t\right]} \tag{4.21}$$

式中:E_0 与 ω_0 分别为光信号的幅值与中心频率;ω_m 为调制信号的角频率;M_f 为频率调制后频率偏差与 $\omega_m/2\pi$ 之间的比率,从而有

$$\frac{E_0}{\sqrt{2}} e^{i\left[\omega_0 t + M_f \int_{-\infty}^{t} \cos(\omega_m t)\mathrm{d}t\right]} = \frac{E_0}{\sqrt{2}} e^{i\left[\omega_0 t + M_f \sin(\omega_m t)\right]} \tag{4.22}$$

这种检测技术的数学描述形式与相位调制光谱法相同。经 LIA1 输出的直流信号与 $\omega_0/2\pi - v_q^{CW}$ 成正比,且被用作反馈回路的误差信号,该反馈回路提供电信号以驱动激光。反馈回路将 $\omega_0/2\pi$ 的值与 v_q^{CW} 的值锁定。若锁定成功,LIA2 的输出将与 v_q^{CW} 及 v_q^{CCW} 的差值成正比,且该差值与角速率成正比。

基于频率调制的检测技术需求极为精密的光源,使得受固定频率调制的光束有合适的频率分辨率。

4.2.3 基于谐振腔长度调制的检测技术

谐振器长度的正弦调制将产生与两个传播方向有关的正弦调制谐振频率[28],在这种情况下,两个谐振频率表现出以下时变特性,即

$$\begin{aligned} v_{q,m}^{CW}(t) &= v_q^{CW} + a_m \sin(\omega_m t) \\ v_{q,m}^{CCW}(t) &= v_q^{CCW} + a_m \sin(\omega_m t) \end{aligned} \tag{4.23}$$

式中:a_m 为谐振频移的幅值;ω_m 为调制信号的角频率。

这种调制技术的结构如图 4.14 所示。频率为几千赫的调制信号可应用于圆筒形的压电换能器。形成谐振腔的一部分纤维包裹着压电缸,使得谐振腔的

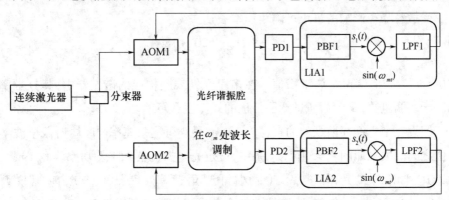

图 4.14 基于谐振腔长度调制检测技术的谐振式光纤陀螺仪结构示意图

39

长度可调制,从而产生两个谐振频率的调制。

用以激励谐振器的信号经由两个声光调制器(AOM1 和 AOM2)进行频移调制,激励信号的频率分别为 $\omega_0 + \Delta\omega_1 \, , \, \omega_0 + \Delta\omega_2$。LIA1 输出的直流信号与 $(\omega_0 + \Delta\omega_1)/2\pi - v_q^{CW}$ 成正比;同理,LIA2 输出的直流信号与 $(\omega_0 + \Delta\omega_2)/2\pi -$ v_q^{CCW} 成正比。包含 LIA1 与 LIA2 的两个反馈环路将 $(\omega_0 + \Delta\omega_1)/2\pi$ 与 v_q^{CW} 锁定,将 $(\omega_0 + \Delta\omega_2)/2\pi$ 与 v_q^{CCW} 锁定。若锁定成功,谐振腔角速率将与 $\Delta\omega_1 - \Delta\omega_2$ 成正比。

基于谐振腔长度调制的检测技术主要缺点是压电换能器处在谐振器内部,这将导致光纤谐振腔内部极大的损耗,限制了谐振腔的性能以及谐振式光纤陀螺仪的整体精度。

4.2.4 谐振式光纤陀螺仪的关键技术

从理论上讲,谐振式光纤陀螺仪与干涉式光纤陀螺仪具有相同的性能,但是前者所需的光纤长度要明显比后者短,这正是研究谐振式光纤陀螺仪的优势所在。光纤长度更短,可以期望谐振式光纤陀螺仪表现出对振动和温度变化更好的不敏感性。但是,对于谐振式光纤陀螺仪,由二氧化硅折射率的克尔非线性对精度造成的负面影响将更难消除,因为谐振式光纤陀螺仪不可能像干涉式光纤陀螺那样采用宽带光源。而限制由克尔效应误差的唯一途径是减小光纤谐振腔中光信号的功率。

此外,对于漂移小于 $0.1°/h$ 的高性能谐振式光纤陀螺,其检测系统必须使用一种昂贵的激光器,使其线宽小于 10kHz。这是由于用于测量角速率的光信号必须表现为全波半峰值,且其值必须大大小于腔体的全波半峰值。

受散粒噪声影响的最小可测角速率表达式为

$$\delta\Omega = \delta v \frac{\lambda}{d} \sqrt{2} \prod \times \frac{3600 \times 180}{\pi} \ (°/h) \tag{4.24}$$

式中:δv 为腔体谐振全波半峰值。在多匝光纤线圈构成的谐振器中,其分辨率取决于线圈匝数,是因为通过选取最优的线圈匝数可使 δv 变小。

假设一个光纤环谐振腔的直径为 10cm,最小可测角速率与腔体谐振全波半峰值之间的关系如图 4.15 所示。图中,设定光电探测器的平均功率为 0.1mW。为了达到谐振式光纤陀螺仪(最小可测角速率 $\delta\Omega < 0.1°/h$,陀螺仪漂移 $<0.01°/h$)的高性能指标,腔体谐振全波半峰值就必须满足 $\delta v < 0.1\text{MHz}$。为了实现上述性能,可通过以下几个途径:

（1）使用低损耗光纤,因为 δv 在很大程度上取决于腔内的传播损耗;

（2）使用多匝线圈谐振器,通过选取最优的匝数,使 δv 的值最小;

（3）选用具有极窄带宽的激光光源,用以激励谐振器,因为激光带宽要明显小于 δv（激光带宽必须限定在 5 ~ 10kHz 间）;

（4）对顺、逆时针光束间的功率差进行精确控制,以确保由克尔效应引起的陀螺偏值漂移,不会降低陀螺仪的整体性能。

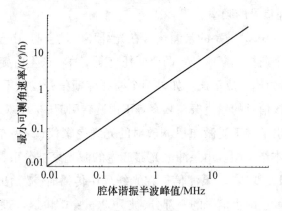

图 4.15　最小可测角速率与腔体谐振全波半峰值关系示意图

尽管光纤长度更短的谐振式光纤陀螺仪,在理论上可以达到与干涉式光纤陀螺仪一样的性能,例如,当干涉式光纤陀螺仪的光纤长度为 1 ~ 5km 时,谐振式光纤陀螺仪仅需 5 ~ 10m 的光纤,但实际上,高精度谐振式光纤陀螺仪的成本还是要比高精度干涉式光纤陀螺仪贵得多,因为前者所需的窄带宽激光器十分昂贵。此外,实验测得谐振式光纤陀螺漂移约为 0.5°/h,远远大于干涉式光纤陀螺仪的偏值漂移（约为 0.001°/h）。

目前,谐振式光纤陀螺研究的一个较好的发展方向是采用空心光子带隙光纤,因为相比于标准光纤,这种光纤对克尔效应较不敏感[29]。

4.3　基于光纤环激光器的光学陀螺仪

可产生两束反向传播的激光束的光泵浦光纤激光器,可用于敏感旋转运动。这是由于当光纤环旋转时,两个由激光器所产生的相向传播信号发生了频移,且该频移与角速率成正比。如果这两个信号干涉,它们产生的拍频信号,其幅值等于旋转引起的频移振荡。拍频信号被传输至光电探测器,光电探测器可产生一个正弦时变的光电流,该信号的频率与旋转角速率成正比,这种陀螺的工作原理与氦—氖激光陀螺相似。

在为陀螺仪应用设计光纤环形激光器的过程中,存在的主要问题是会引起阻碍激光双向性的模式竞争。用于敏感旋转的光纤环形激光器,通常基于受激布里渊散射(SBS)原理[30,31]。基于该物理现象的泵浦光信号,在其功率超过阈值(5~10mW)情况下,相对泵浦信号反向沿光干传播时,将会产生一个斯托克斯信号。对于一个波长为1.55μm的泵浦信号,斯托克斯信号的频率约为11GHz,小于泵浦信号的频率[32]。

当两个拥有足够大功率的泵浦信号在光纤环中耦合时,由于受激布里渊散射,将会产生两个斯托克斯信号。两个斯托克斯信号将产生由旋转引起的频移,且该频移与旋转角速率成正比。如果两个斯托克斯信号发生干涉,则可观测到一个拍频信号,该信号的幅值振荡频率等于由旋转引起的频移。

图4.16给出了基于受激布里渊散射的光纤陀螺仪(称为布里渊式光纤陀螺仪,BFOG)基本结构图。由泵浦激光器产生的激光束被分束器分成两束具有相同频率的光(P_1 和 P_2)。泵浦信号在光纤环中传播时,激励出两个斯托克斯信号(S_1 和 S_2)。这两个信号的一部分,被DC2贯穿端口提取,所产生的两个信号在定向耦合器DC1中进行干涉。由此,拍频信号被输送至光电探测器(PD),由光电探测器产生的电信号频率与旋转角速率成正比。

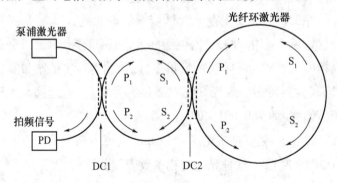

图4.16 受激布里渊散射的光纤陀螺基本结构图

相比于其他光纤陀螺仪,布里渊式光纤陀螺仪的主要优点是检测系统更为简单。但由于谐振腔内部的背向散射,布里渊式光纤陀螺仪会受到闭锁效应影响。由此,一些光学抖动技术被应用于消除布里渊式光纤陀螺仪的闭锁效应[33,34]。

光纤环形激光器还可利用受激雷曼散射(SRS)实现[32]。在这种情况下,泵浦信号要有非常大的功率(阈值功率为500~600mW),以产生斯托克斯信号。

受激雷曼散射的泵浦信号与斯托克斯信号间的频率差约为13THz[32]。受激雷曼散射既可以使斯托克斯信号与泵浦信号同向,也可反向。因此,很难利用受激雷曼散射去实现一个可作为旋转敏感器的光纤环形激光器。参考文献[35]报道了一种基于受激雷曼散射的有源光纤陀螺仪,这种陀螺仪的光纤激光器利用锁模激光器产生的高功率脉冲进行光泵。

从原理上来说,掺铒光纤环形激光器也可用于旋转传感器[36,37]。两个反向传播信号间的增益竞争可再次防止激光双向性。此外,实现激光器沿顺、逆时针两个方向的单纵模式操作也相当困难。近年来,提出了一种结构复杂的光纤环形激光器来敏感旋转,包括了环形器、光纤光栅和掺铒光纤[38]。但是,采用了该技术的陀螺仪性能尚不明确。

还提出了利用锁模光纤激光器对旋转进行敏感[39]。这种激光器腔体的一端是一面平面镜,另一端是萨格奈克干涉仪(作为一个环反射器),中间放置掺铒光纤放大器。萨格奈克环内插入相位调制器,以避免闭锁效应。这类陀螺仪的输出信号是一系列的光脉冲。两个连续脉冲之间的时间间隔与旋转角速率成线性关系,可由常规的电子计数器或者采用锁定放大器的相敏检测技术测得。这种光纤陀螺仪的实验测定偏值漂移约为20°/h[40],该偏值漂移值比现有的干涉式光纤陀螺的偏值漂移大了好几个量级,因此对很多应用领域而言误差都太大了。

因此,尽管检测系统更为简易,但不论是布里渊式光纤陀螺仪还是其他基于泵浦光纤环形激光器的光纤陀螺仪,在短期内都无法替代干涉式光纤陀螺仪。

参 考 文 献

1. Brown, R.B.: NRL Memorandum Report N1871. Naval Research Lab., Washington (1968)
2. Buret, T., Ramecourt, D., Honthaas, J., Paturel, Y., Willemenot, E., Gaiffe, T.: Fibre optic gyroscopes for space application. In: Optical Fiber Sensors, Cancún, Mexico, paper MC4, 23–27 October 2006
3. Culshaw, B., Giles, I.P.: Fiber optic gyroscopes. J. Phys. E Sci. Instrum. **16**, 5–15 (1983)
4. Bergh, R.A., Lefèvre, H.C., Shaw, H.J.: An overview of fiber-optic gyroscopes. J. Lightwave Technol. **LT-2**, 91–107 (1984)
5. Lefèvre, H.: The Fiber-Optic Gyroscope. Artech House, Norwood (1993)
6. Lefèvre, H.: Application of the Sagnac effect in the interferometric fiber-optic gyroscope. In: Loukianov, D., Rodloff, R., Sorg, H., Stieler, B. (eds.) Optical Gyros and their Applications. NATO Research and Technology Organization, France (1999)
7. Culshaw, B.: The optical fiber Sagnac interferometer: an overview of its principles and applications. Meas. Sci. Technol. **17**, R1–R16 (2006)
8. Smith, R.B. (ed.): Selected Papers on Fiber Optic Gyroscopes. SPIE Milestone Series (MS 8). Bellingham, SPIE Optical Engineering Press, Washington (1989)

9. Vali, V., Shorthill, R.W.: Fiber ring interferometer. Appl. Opt. **15**, 1099–1100 (1976)
10. Ulrich, R.: Fiber-optic rotation sensing with low drift. Optics Lett. **5**, 173–175 (1980)
11. Martin, J.M., Winkler, J.T.: Fiber-optic laser gyro signal detection and processing technique. Proc. SPIE **139**, 98–102 (1978)
12. Davis, J.L., Ezekiel, S.: Closed-loop, low-noise fiber-optic rotation sensor. Optics Lett. **6**, 505–507 (1982)
13. Ezekiel, S., Davis, J.L., Hellwarth, R.W.: Intensity dependent nonreciprocal phase shift in a fiberoptic gyroscope. In: Springer Series in Optical Sciences, Vol. 32, pp. 332–336. (1982)
14. Shupe, D.M.: Fiber resonator gyroscope: sensitivity and thermal nonreciprocity. Appl. Opt. **20**, 286–289 (1981)
15. Frigo, N.J.: Compensation of linear sources of non-reciprocity in Sagnac interferometers. Proc. SPIE **412**, 268–271 (1993)
16. Cutler, C.C., Newton, S.A., Shaw, H.J.: Limitation of rotating sensing by scattering. Optics Lett. **5**, 488–490 (1980)
17. Kim, H.K., Digonnet, M.J.F., Kino, G.S.: Air-core photonic-bandgap fiber-optic gyroscope. J. Lightwave Technol. **24**, 3169–3174 (2006)
18. Blin, S., Kim, H.K., Digonnet, M.J.F., Kino, G.S.: Reduced thermal sensitivity of a fiber-optic gyroscope using an air-core photonic-bandgap fiber. J. Lightwave Technol. **25**, 861–865 (2007)
19. Cregan, R.F., Mangan, B.J., Knight, J.C., Birks, T.A., Russell, P.S.J., Roberts, P.J., Allan, D.C.: Single-mode photonic band gap guidance of light in air. Science **285**, 1537–1539 (1999)
20. Divakaruni, S., Sanders, S.: Fiber optic gyros: a compelling choice for high precision applications. In: Optical Fiber Sensors, Cancún, Mexico, paper MC2, 23–27 October 2006
21. Ezekiel, S., Balsamo, S.R.: Passive ring resonator laser gyroscope. Appl. Phys. Lett. **30**, 478–480 (1977)
22. Zhang, X., Ma, H., Zhou, K., Jin, Z.: Experiments by PM spectroscopy in resonator fiber optic gyro. Opt. Fiber Technol. **13**, 135–138 (2007)
23. Carroll, R., Coccoli, C.D., Cardarelli, D., Coate, G.T.: The passive resonator fiber optic gyro and comparison to the interferometer fiber gyro. Proc. SPIE **719**, 169–177 (1986)
24. Zhang, X., Ma, H., Jin, Z., Ding, C.: Open-loop operation experiments in a resonator fiber-optic gyro using the phase modulation spectroscopy technique. Appl. Opt. **45**, 7961–7965 (2006)
25. Hotate, K., Harumoto, M.: Resonator fiber optic gyro using digital serrodyne modulation. J. Lightwave Technol. **15**, 466–473 (1997)
26. Jin, Z., Yang, Z., Ma, H., Ying, D.: Open-loop experiments in a resonator fiber-optic gyro using digital triangle wave phase modulation. IEEE Photonic Technol. Lett. **19**, 1685–1687 (2007)
27. Imai, T., Nishide, K.-I., Ochi, H., Ohtsu, M.: The passive ring resonator fiber optic gyro using modulatable highly coherent laser diode module. Proc. SPIE **1585**, 153–162 (1992)
28. Meyer, R.E., Ezekiel, S., Stowe, D.W., Tekippe, V.J.: Passive fiber-optic ring resonator for rotation sensing. Optics Lett. **8**, 644–646 (1983)
29. Sanders, G.A., Strandjord, L.K., Qiu, T.: Hollow core fiber optic ring resonator for rotation sensing. Optical Fiber Sensors, Cancún, Mexico, paper ME6, 23–27 October 2006
30. Thomas, P.J., van Driel, H.M., Stegeman, G.I.A.: Possibility of using an optical fiber Brillouin ring laser for inertial sensing. Appl. Opt. **19**, 1906–1908 (1980)
31. Stokes, L.F., Chodorow, M., Shaw, H.J.: All-fiber stimulated Brillouin ring laser with submilliwatt pump threshold. Optics Lett. **7**, 509–511 (1982)
32. Argawal, G.P.: Fiber-Optic Communication Systems. Wiley-Interscience, New York (2002)
33. Huang, S., Toyama, K., Kim, B.Y., Shaw, H.J.: Lock-in reduction technique for fiber-optic ring laser gyros. Optics Lett. **18**, 555–557 (1993)
34. Zarinetchi, F., Smith, S.P., Ezekiel, S.: Stimulated Brillouin fiber-optic laser gyroscope. Optics Lett. **16**, 229–231 (1991)
35. Nakazawa, M.: Synchronously pumped fiber Raman gyroscope. Optics Lett. **10**, 193–195 (1985)

44

36. Kim, S.K., Kim, H.K., Kim, B.Y.: Er^{3+}-doped fiber ring laser for gyroscope applications. Optics Lett. **19**, 1810–1812 (1994)
37. Kiyan, R., Kim, S.K., Kim, B.Y.: Bidirectional single-mode Er-doped fiber-ring laser. IEEE Photonics Technol. Lett. **8**, 1624–1626 (1996)
38. Lu, J., Chen, S., Bai, Y.: Experimental study on a novel structure of fiber ring laser gyroscope. Proc. SPIE **5634**, 338–342 (2005)
39. Jeon, M.Y., Jeong, H.J., Kim, B.Y.: Mode-locked fiber laser gyroscope. Optics Lett. **18**, 320–322 (1993)
40. Hong, J.B., Yeo, Y.B., Lee, B.W., Kim, B.Y.: Phase sensitive detection for mode-locked fiber laser gyroscope. IEEE Photonics Technol. Lett. **11**, 1030–1032 (1999)

第 5 章　集成光学陀螺仪

集成光路引领了小型化光学器件的发展,可在单块芯片上实现非常复杂的功能。许多集成光学装置,如激光器、放大器、复用器/解复用器、滤波器、调制器和开关,均已采用各种基质材料制造,包括晶体、玻璃、聚合物和半导体。在过去的几年内,各国学者在设计和制造复杂的光学集成电路(PICs)上已投入大量的研究工作,以实现在单块芯片上集成多种光学元件。例如,参考文献[1]中提及的一种基于磷化铟(InP)的光学集成电路,包含了 50 多个光学元件。

通过集成光学技术制造光学陀螺仪具有良好的发展前景,因为它可减小陀螺的重量与尺寸,降低成本与功耗,更好地控制热效应,增加可靠性,并表现出能集成整个光学陀螺系统的潜力。

在有源光学陀螺仪中,两个谐振模式在一个环形腔激光器中被激励,可以通过干涉技术敏感由旋转引起的频移。

无源光学角速度传感器既可以敏感相位,也可以敏感频率。在频率敏感陀螺仪中,可测得光学腔体的两个谐振频率,分别与顺、逆时针的传播方向有关。而在相位敏感陀螺仪中,可测得由旋转引起的相反传播的光束相移。有源与无源集成光学陀螺都得到了大量的研究与实践。大多数的无源集成光学陀螺都是频率敏感型,但最近提出了一种慢光相敏集成光学陀螺仪。

本章将先概述有源和无源集成光学陀螺仪的技术发展水平,接着介绍磷化铟、砷化镓、硅、氧化硅、铌酸锂等几种用作旋转传感器的广谱材料,并讨论将集成光学电路用于敏感角速率的现有成果与未来的研究目标。

5.1　有源集成光学陀螺仪

有源集成光学陀螺仪的敏感元件,是一个集成环形腔激光器,能产生两束反向传播的激光束。光电检测电路,与环形腔激光器完美地集成在同一基质上,用以测量由旋转引起的谐振模态频率差。

有源集成光学陀螺仪的最小可测角速率受限于量子噪声,其表达式为

$$\delta\Omega = \frac{\delta v}{S}\prod \times \frac{180 \times 3600}{\pi} \quad ((°)/h) \qquad (5.1)$$

式中:S 为陀螺的标度因数;δv 为发射激光线宽;$\prod$ 是与检测系统性能相关的参数(式(4.8))。

量子噪声引起的角度随机游走(ARW)系数计算公式为

$$W_{ARW} = \frac{\delta\Omega}{60\sqrt{B}} = \frac{\delta v}{S\sqrt{B}}\prod \times \frac{180 \times 60}{\pi} \quad ((°)/\sqrt{h}) \qquad (5.2)$$

式中:$\delta\Omega$ 的单位为(°)/h;B 为陀螺仪带宽。

为提高陀螺仪分辨率改善随机游走,需增大陀螺标度因数并减小激光带宽。因此,高精度光学陀螺中的集成环形激光器直径需大于几毫米,且其激光线宽小于 1MHz。

5.1.1 集成环形腔激光器

集成环形腔激光器是所有有源集成光学陀螺仪的基本构建模块,其性能严重影响陀螺仪的最小可测角速率。

在过去的几十年里,集成环形腔激光器得到了广泛的研究,因为它们不仅可以用于旋转检测,还可应用于光通信及全光信号处理领域。

电泵集成环形腔激光器只能由 Ⅲ – Ⅴ 半导体技术实现,而光泵集成环形腔激光器则可由一些不同的材料实现,如磷化铟、硅、聚合物和铌酸锂晶体等。

1. 电泵集成环形腔激光器

电泵半导体环形腔激光器(SRLs)的性能,在 1980 年首次验证[2],且在过去的几十年内得到显著提高。已有多种形状的谐振腔被研制出来,如三角形、方形、圆形和跑道形(由两个半圆形的导向结构连接的两个平行直波导构成)。

图 5.1 给出了第一个半导体环形腔激光器的简图,其有源区为一个双重的 AlGaAs/GaAs 异质结[2,3]。半径约几十微米的圆形光学谐振腔通过 Y 波导输出耦合,这种环形激光器的主要缺点是多模式性及过高阈值电流(约 200mA)。

参考文献[4,5]分别首次报道了连续波和单纵模方式。这些激光器均采用了环形光腔及 Y 波导。与上述装置相比,这些激光器表现出较低的阈值电流(小于 100mA)。

在过去的 25 年中,尽管设计和实验了大量的半导体环形激光器,但只有一小部分的腔体总长度超过几毫米,适用于制造集成光学陀螺。

由于设计是用于全光信号处理和开关,不要求激光腔的长度在毫米范围内,

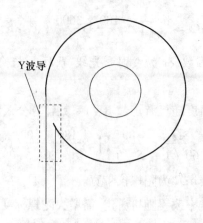

Y波导

图5.1　圆形半导体激光器结构示意图

因此圆形、三角形及方形半导体环形激光器的长度通常不超过数百微米[6-8]。

　　最近出现了一种采用Ⅲ-Ⅴ半导体技术的微碟激光器,并被集成在硅绝缘体(SOI)基质上[9]。尽管由于激光器的尺寸使其无法被应用到陀螺仪上,但这种对用InGaAsP/InP材料制造的半导体激光器与其他光电元件以分子键合在硅绝缘体基底的异构集成方法,可能对如何将陀螺整个集成至单块芯片上带来一定启发。

　　参考文献[10]报道了首个以InGaAsP/InP材料制作的大尺寸(总腔长约10mm)半导体环形腔激光器。在激光器的环形谐振腔中,两段长为0.5mm的腔体是有源的,其余部分无源,该激光器的波长为1540nm,线宽为900nm。

　　参考文献[11]报道了一个具有更好性能的大半径半导体环形腔激光器,该激光器用AlGaAs/GaAs材料制造。激光器半径为1mm,所包含的环形腔与直波导输出弱耦合(耦合效率为1%~5%),如图5.2(a)所示。为了减少背向反射,输出波导与基底切面间有5°的倾斜角。两块分开的金属接点被分别植入直波导的两端作为光电探测器(当加载电压为1.5V时,两个探测器扭转偏置)。图5.29(b)所示的导引结构是经由浅刻蚀(刻蚀深度约为1μm)、电子束光刻及反应离子刻蚀得到的脊波导。由金属有机气相淀积法(MOCVD)得到双量子阱(DQW)结构被用作有源段。激光阈值电流在很大程度上取决于波导的蚀刻深度,且最小阈值电流在蚀刻深度为950nm时得到。而当蚀刻深度为1050nm时,可测得阈值电流约为270mA。

　　这种半导体环形激光器的工作模式及线宽可查阅参考文献[11-13],共有3种工作模式,分别为双向连续波(bi-cw)模式、双向交替振荡(bi-ao)模式以及单向(uni)模式。一旦注入电流超过阈值电流,两个反向传播的谐振模式将被

48

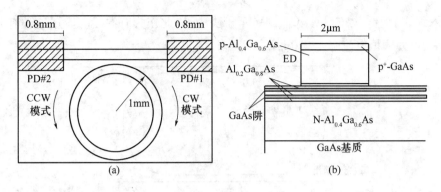

图5.2 参考文献[11]报道的圆形半导体激光器结构示意图(a)和
参考文献[11]报道的导引结构(b)
(PD#1、PD#2 被分别用于检测顺、逆时针谐振模式的光功率)

激励至工作在连续波模式。当注入电流处于 360～480mA 时,两个反向传播谐振模式将被正弦振荡所调制。最后,当注射电流大于一个特定的值(480mA)时,激光器处于单向操作模式。这 3 种模式的运作已被实验验证,具有良好的可重复性。在激光器处于双向连续波操作模式时,其线宽约为 110MHz;而在单向操作模式时,其线宽约为 40MHz。

参考文献[14]报道了一种基于圆形多量子阱(MQW)磷化铟材料的半导体环形腔激光器,其工作波长为1570nm,半径为0.6mm。当注入电流为125(阈值电流)～135mA 时,这种激光器可双向操作。而当注入电流为135～220mA 时,只能激励一种谐振模式(顺时针或逆时针)。而随着注入电流的增加,被激励的模式将从一种传播方向变为另一种传播方向。在这种运行条件下,系统是双稳态的,因为如果注入电流增加到一定值且选定了一个特定的传播方向,被激励的谐振模式(无论是顺时针或逆时针)将保持不变;若注入电流减少,传播方向也会相应变化。当注入电流大于 220mA 时,激光器不稳定,顺时针及逆时针模式将被随机交替激励。

参考文献[15]则报道了一种腔体总长度大于 10mm,波长为 1020nm 的大尺寸半导体环形激光器,如图5.3 所示。激光有源段是一个由 AlGaAs/GaAs 材料构成的双量子阱异质结构,且其谐振器为跑道形。环路中的两个笔直段用一个 S 形波导连接,确保激光器本质上为单向。若 S 段无偏置,则只有当注入电流刚好大于阈值360mA 时,激光器可双向工作。如果 S 段正向偏置,则只能激励顺时针方向的谐振模式,因为相比于逆时针方向的谐振模式,它更易受 S 段的激励。参考文献[16]报道了一种相似的半导体环形激光器,将 InAs 量子点(QDs)

嵌入到 6 个 5nm 厚的 $In_{0.15}Ga_{0.85}As$ 量子阱中,以此作为有源段。应用这种有源段后,可使阈值电流降至 220mA。

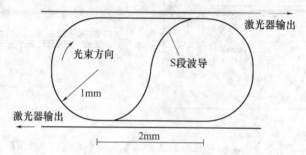

图 5.3　参考文献[15]报道的跑道形半导体环形激光器结构示意图

2. 光泵集成环形腔激光器

陀螺仪应用领域,光泵集成环形腔激光器没有电泵激光器更具吸引力,这是因为光泵集成环形激光器需要一个处于芯片外部的泵浦激光器,因此,不像其他半导体环形激光器那样适用于集成光学陀螺仪制造。但是,一些硅制光泵环形腔激光器表现出良好的线宽和光功率,所以将其应用于陀螺仪领域仍具有良好前景。

许多材料都被用于光泵环形激光器的研制,包括掺铒铌酸锂、硅、Ⅲ－Ⅴ半导体以及 π 共轭高分子材料。

自 20 世纪 60 年代末以来,掺稀土的铌酸锂($LiNbO_3$)材料就被应用于光泵激光器的研制。采用掺铒(Er^{3+})铌酸锂有可能实现波长范围在 1530～1603nm 的高质量光泵激光器。通过真空沉积扩散法,可以将薄铒涂于铌酸锂基质的表层,制成掺铒铌酸锂[17]。最后,通过标准钛扩散技术成功制得单模通道波导,采用该技术,可制造出分布式反馈激光器或者分布式布拉格反射激光器[18,19]。

首个基于掺铒铌酸锂的光泵环形腔激光器已研制成功[20],该激光器包含一个具有较大半径(30mm)的圆形光学谐振腔和两个在环上耦合的直波导(一个将泵浦光耦合进环路中,另一个作为输出耦合器),可发射中心波长为 1603nm 的多种光束。这种激光器应用到陀螺仪领域所面临的主要问题是较大地限制了光功率($<150\mu W$),且目前仍无法实现单纵模运行。

一种可用于陀螺仪的掺铒铌酸锂光泵环形腔激光器已经申请了专利[21]。该专利的激光器结构包括了一个跑道形激光器、两个电光调制器以及一个 U 形输出波导,如图 5.4 所示。其中,跑道形激光器可激励顺、逆时针方向的激光束;电光调制器可以给光信号加载相移,以防止单向激射;U 形输出波导可以将由激光器产生的相反传播光的一部分功率耦合输出至外部的检测处理设备。

50

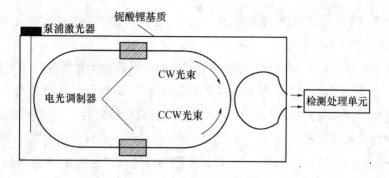

图 5.4　基于掺铒铌酸锂的光泵环形腔激光器

参考文献[22]报道了一种基于雷曼效应的硅制大尺寸(=30mm)光泵环形腔激光器,其硅长度为 30mm,激射光波波长为 1686nm,如图 5.5 所示。基于硅绝缘体脊波导的跑道形激光腔,高为 1.55μm,蚀刻深度为 0.76μm,宽为 1.5μm。为了减少由自由载流子吸收(FCA)和双光子吸收(TPA)导致的光损耗,在硅片脊结构的两侧分别构造一个掺 P^+ 区和一个掺 N^+ 区,即形成一个 P – I – N 结,如图 5.5 附图所示。当加载 25V 电压时,对该节反向偏置,光场受抑制区域内的载流子大大减少,这导致自由载流子吸收和双光子吸收现象大大减少,且激射阈值功率降至 20 ~ 40mW。

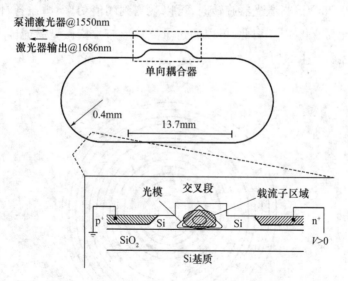

图 5.5　基于雷曼效应的光泵硅制环形腔激光器

这种激光器可实现单纵模操作,所产生的光束功率超过 40mW,边模抑制超过 70dB,线宽小于 100kHz。尽管这种硅制环形激光器需要在硅绝缘体芯片外的泵激光器提供数十毫瓦的功率,但是这种激光器的性能,在发射功率及线宽方面,比大长度半导体环形激光器要好的多。

参考文献[23]论证了基于雷曼效应的硅制环形腔激光器应用于敏感旋转的可行性,所设计的硅制环形腔激光器总长度为3cm,发射光波波长为1549nm,且两束相反传播的光都在激光腔内所产生。当激光器旋转时,这些光信号就会由于萨格奈克效应产生频移。由于波导侧壁粗糙产生的背向散射则会引起传感器在 $-9.5 \times 10^6 (°)/h \sim 9.5 \times 10^6 (°)/h$ 静态特性死区。为了降低背向散射效应的影响,由频率为100kHz正弦电信号驱动的两个热光调制器被引入到环形激光腔体中。通过使用抖动技术,虽然增加了激光腔内的光损耗,但可得到约为 $300°/h$ 的最小可测角速率以及约为 $1°/\sqrt{h}$ 的角度随机游走。

参考文献[24]报道了一种利用布拉格反射而非全内反射作为径向约束机制的光泵环形激光器。该激光器中,有一个圆形导引层,导引层位于由环形布拉格层组成、用于约束光功率的媒介中。如图5.6所示,这种激射机构采用了In-GaAsP/InP 材料技术,且其有源层包含了6个量子阱,导引层的半径为5μm,内部含5个布拉格层,外面包裹了10个布拉格层,用以限制光功率。这种激光器能被890nm的光脉冲激励,并发射1559nm的光波(发射方向垂直于基质),阈值功率约为0.7mW。当激光器旋转时,可以观测到阈值功率、增益各自随旋转角速率的变化而变化[25]。由此,可以通过量测环形布拉格微型激光器,在垂直于基底方向上所产生的功率来敏感旋转。但是,还没有该设备关于最小可测角速率的数据。

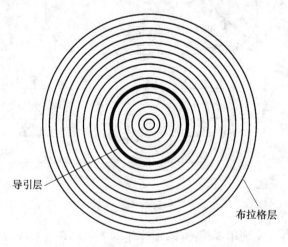

图5.6　用于敏感旋转的圆形布拉格微型激光器

最后,值得注意的是,固态有机材料也已被用于制造光泵环形腔激光器。参考文献[26]报道了一种基于半导体 π 共轭聚合物的微碟激光器,其半径仅为 8μm,工作波长约为 530nm。其激励光源为钕:钇铝石榴石(Nd:YAG)激光器,可产生周期为 100ps 或 10ns 的脉冲,波长为 532nm。但由于该激光器的尺寸及其辐射的光谱特性,将很难被应用到有源集成光纤陀螺仪领域。

5.1.2 全集成有源光学陀螺仪

近 20 年来,全集成有源光学陀螺的研制一直被认为拥有非常好的发展前景。

早在 1984 年,含一个环形谐振腔的半导体激光器就已经申请了相关专利[27]。这种传感器包括一个激光器、一个 Y 形耦合器,可减小陀螺仪的尺寸,减轻陀螺仪的质量,降低功耗,提高可靠性。

参考文献[28]报道的一种大半径(半径为 1 ~ 2mm)AlGaAs/GaAs 半导体环形激光器已成功与其他光学检测元件实现单片集成,用于设计全集成有源光学角速率传感器。

参考文献[29]设计了一个方案,将光学检测电路与环形激光器集成到同一片芯片上,如图 5.7 所示。其检测电路包括一个弯曲耦合器、一个多模干涉(MMI)耦合器以及两个光电探测器。

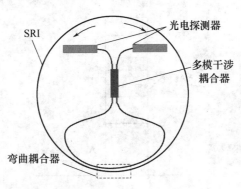

图 5.7　用于有源集成光学陀螺仪的读出集成光路示意图

参考文献[30]中给出了一种基于半导体环形激光器(工作波长 845nm)的全集成有源光学陀螺仪,并完成了精确建模与设计。图 5.8 给出了参考文献[30]中全集成有源光学陀螺仪的结构简图,现已被授予欧洲专利[31]。陀螺仪的主要元件包括 GaAs/AlGaAs 双量子阱圆形半导体激光器、弯曲耦合器、光电二极管。弯曲耦合器在 Y 结处将激光器产生的两束光耦合输出,光电二极管可用于检测干涉产生的拍频信号。

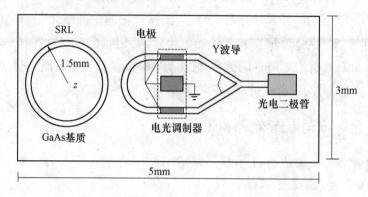

图 5.8　参考文献[30]中报道的有源集成光纤陀螺示意图

　　整个光电传感器都被集成至一块大小为 $15 \times 3mm^2$ 的砷化镓基质上。准 TE 模式的光学增益远远大于准 TM 模式。这种极化选择的内在作用将抑制两者之间任何的偏振耦合。通过适当设计增益介质以获取增益可选性，是实现该传感器的重要内容，由此可消除两光束的偏振耦合噪声，相应地提高其性能。这种激光器的导引结构包括一个 $Al_{0.2}Ga_{0.8}As$ 隔离层（用以分离两个 GaAs 量子阱）、两个 $Al_{0.2}Ga_{0.8}As$ 熔覆层及一个 $Al_{0.73}Ga_{0.27}As$ 缓冲层。波导的横截面如图 5.9 所示。

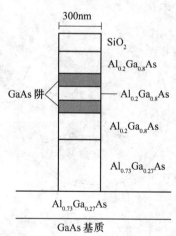

图 5.9　激光器光波导的交叉段示意图

　　当传感器旋转时，两束不同频率的光在 Y 波导处干涉，其频率差与旋转角速率成正比。Y 波导输出光信号幅值的振荡频率与由旋转引起的频率差相等。因此，可通过光电二极管测量的光信号频率来估计装置的旋转角速率。

参考文献[32]提及了在这种全集成传感器存在的锁模现象。当角速率的值较小时,相反传播的光束耦合受波导侧壁粗糙性影响,导致两束光的频率差为零。当角速率小于210°/h时,也就是处于所谓的闭锁工作区间,两个受激谐振模式都表现为同样的频率,此时,光电探测器产生的拍频信号只有一个直流频谱分量。在角速率小于210°/h的条件工作时,只能通过测量两束反向传播的光束之间由旋转引起的相移来估计角速率。这将取决于旋转角速率的大小及多个半导体激光器的技术参数,如半径、背向散射系数、标度因数等。因此,在角速率的值较小时,传感器的精度就取决于这些半导体激光器的技术参数的估计。在无损耗的条件下,这种集成式陀螺仪的最小可测角速率约为0.01°/h。

这种传感器结构中的电光移相器,对于由旋转引起的两束激光间的相移更为敏感。由于相移获取方法在存在闭锁效应时,仍然能敏感旋转,因此调制器增强了在闭锁工作区间内的分辨率。而且,该装置敏感旋转时,可使半导体激光器的输出耦合光信号产生一个常值相移。

参考文献[33,34]在没有提取激光腔功率的情况下,仅分析了半导体环形腔激光器两端电压信号的光谱分量,检测由萨格奈克效应产生相移的可能性。根据这种方法,不含任何其他光学元件的半导体激光器可用于有源集成光学陀螺仪。为此验证这一假说,设计了一实验样机,该样机由一个InGaAsP/InP法布里—珀罗(Fabry – Perot)激光器、一段单模光纤及一个激光驱动电路构成。激光器和光纤形成一个长度为3.6m的有源环形谐振腔。保持激光注入电流为常值,激光器两端的电压通过一个电容、一个宽带放大器和一个光谱分析器测定。当系统加载一个常值旋转角速率时,激光器两端电压信号频谱中将出现一个拍频峰值。然而,闭锁效应使这种陀螺系统的最小可测角速率约为100°/h。

参考文献[35,36]提出了一种用于敏感旋转的创新光学集成电路(PIC),如图5.10所示,这种结构也已获得专利授权[37]。该设备基于两个单向运行的半导体环形激光器,它们产生的顺时针及逆时针光束,在Y波导处形成干涉。为了监视该陀螺仪的性能,其光电子电路使用了7个光电探测器,这些探测器均被刻蚀深沟槽实现电隔离。

环形激光器的单向性,可通过用正向偏置(注入电流60mA)的S形波导将两个跑道形腔的直管段连接起来的方法实现。为了方便调整两个半导体环形激光器的谐振频率,在环脊内侧添加了两个加热器。

参考文献[30,35]比较了用于陀螺仪的两种有源PIC,比较结果如表5.1所示。

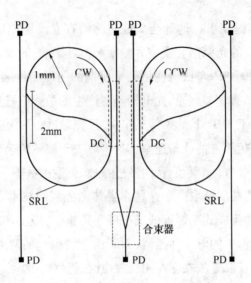

图 5.10　用于敏感旋转的 PIC 结构示意图

表 5.1　用于测量角速率的 PIC 参数对比(性能、几何参数和制造步骤)

作　者	Armenise 等参考文献[30]作者	Osiniski 等参考文献[35]作者
包含芯片数	1	2
PIC 包含的光学元件	半导体环形激光器,U 形耦合器,电光相移器,Y 波导,光电探测器	一对半导体环形激光器,Joule 加热器,直巴士波导,Y 波导,光电探测器
工作波长/nm	845	1020 或 1250
整个 PIC 的尺寸/mm^2	15 ×3	6 ×3
环形激光器总长/mm	9.42	10.28
量子极限/((°)/h)	0.01(低损耗下理论值)	270 ~ 300
标度因数	1.11 ×10^5	(6 ~7) ×10^4
采用的材料	AlGaAs/GaAs	InGaAs/GaAs/AlGaAs
激励区	DQW	DQW 或 QD
制造流程步骤	(理论装置)	MOCVD 或 MBE,光刻印,ICP 蚀刻,BCB 沉积,镀金属

　　由于半导体环形激光器的线宽通常超过 10MHz,因此,有源集成光学陀螺仪的分辨率很难小于 100°/h。另外,还需特别注意在设计与制造过程中减小闭锁效应带来的不利影响。

5.2　无源集成光学陀螺仪

通常,无源集成光学陀螺仪中被激励两个反向传播的谐振模式拥有相同的谐振阶数 q。两个模式的谐振频率 v_q^{CW}、v_q^{CCW} 将因转动而被区分开。根据萨格奈克效应,v_q^{CW} 与 v_q^{CCW} 之间的差值与谐振腔旋转角速率成正比。因此,这种陀螺仪的工作原理与谐振式光纤陀螺仪很像。

基于频率敏感的无源集成光学陀螺仪包括一个光学腔、一个光源、一些光学设备以及一个检测系统。这些光学设备用于产生光信号以激励谐振器;检测系统由一些光电元件构成,可以检测差值($v_q^{CW} - v_q^{CCW}$)。为了实现差值的测量,要把两束由激光器产生的反向光信号耦合输入到光腔中,并监视频率反射率(R)或透射率(T)等谐振器响应,因为反射率及透射率均随频率作洛伦兹变化。通常还需对激光器所产生的两个光束作频率调制或相位调制。激光器的线宽必须明显小于反射或折射的峰值线宽(一般要求激光线宽小于 10MHz)。参考文献[38]首次提及了一种基于频率敏感的无源集成光学角速率传感器方案,如图5.11 所示。

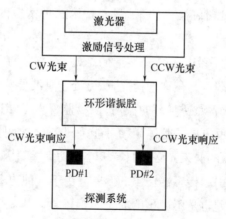

图 5.11　一种无源集成光纤陀螺仪的方案示意图

在无源集成光学陀螺仪的设计与研制过程中,多种集成光学腔方案都得到了论证,如圆形或跑道形的环形谐振腔、耦合式环形谐振腔及光子晶体谐振腔。

检测机构是基于激励光腔信号的相位调制或频率调制,检测技术与第 4 章中关于谐振式光纤陀螺仪的描述相同。特别是前面章节中大段阐述的调相谱技术,对于无源集成光学陀螺仪而言是非常有效的检测技术。此外,调频谱技术也可用,该方法是通过对集成谐振腔内耦合的光束信号进行正弦调制而实现的[39]。但这种检测技术需利用一种基于频率调制的激光器,而这种激光器是非常关键和昂贵的设备。

5.2.1　基于环形谐振腔的无源集成光学陀螺仪

近10年中,集成光学环形谐振腔得到了深入的研究,且在许多领域得到了应用。在其研制过程中选用了许多种材料,如玻璃、硅、III - V半导体、二氧化硅、氮氧化硅、聚合物、铌酸锂[40-43]等。

毫米级大尺寸环形谐振腔最引人注目的一项应用,就是集成无源陀螺仪。

通常,一个环形谐振器包含一个环形弯曲光波导以及一个或两个直波导。直波导和光纤环渐变耦合。对于一些诸如化学传感技术、波长滤波器和复用/解复用等应用而言,只有一个输入光束被输送至直波导,用于激励谐振腔。当谐振腔用于敏感旋转时,将有两个光信号被同步或异步输送至直波导,可同时激励顺、逆时针两个方向的腔体谐振。若采用了双直波导的结构,两束输入光束可被输送至不同的直波导,如图5.12(a)所示;或者被输出到同一直波导的两端,如图5.12(b)所示。因此,对于环形腔激励和谐振频率测量有两种可能的结构。第一种情况时的输出端口被称为下载端口,第二种情况的输出端口称为贯穿端口。

图5.12(c)给出了带有一个直波导的结构,直波导的两端均可作为输入端口,也可以作为输出端口。在这种情况下,分处于直波导两端的两个环形器或两个开关,将被用于激励顺、逆时针的振荡,以及监视贯穿端口的光谱响应。正如前面指出,沿两个相反方向的腔体激励可能是同步的,也可能不是同步的。

用于激励谐振器的两束光必须只有极小的功率差。因为在腔体内耦合的两个信号的功率差,将引起传感器输出的偏差。由于这种功率差是不可预测的,因此,传感器输出的误差也是不可预测的。

这种偏差的物理起源是由环形谐振腔波导材料的克尔非线性效应引起的,表现出类克尔非线性的材料,其折射率n可表达为

$$n = n_0 \sqrt{1 + \bar{n}_2 \frac{|\boldsymbol{E}|^2}{Z_0}} \tag{5.3}$$

式中:n_0为折射率的线性部分;$\bar{n}_2$是折射率的非线性系数(以m^2/W为单位);Z_0是自由空间阻抗;$\boldsymbol{E}$为电场矢量。

对于采用具有类克尔非线性效应材料制成的波导,其有效折射率n_{eff}的表达

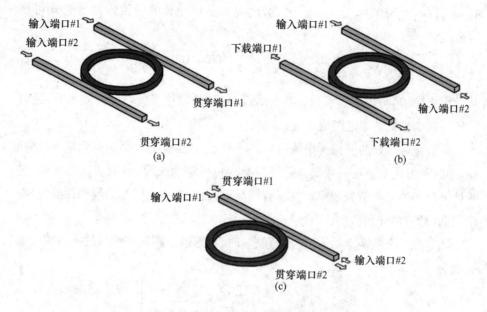

图 5.12 环形谐振器与直波导耦合结构示意图

（a）输入口分别在不同波导上；（b）输入口在同一波导上；

（c）环形谐振器仅与一个直波导耦合。

式为

$$n_{\text{eff}} = n_{\text{eff},0} + \bar{n}_{2,\text{core}} \frac{P_m}{A_{\text{eff}}} \qquad (5.4)$$

式中：P_m 为由传播模式决定的光功率；$n_{\text{eff},0}$ 为有效折射率的线性部分；$\bar{n}_{2,\text{core}}$ 为波导芯材料折射率的非线性系数；A_{eff} 为与芯区面积相当的传播有效区面积。

考虑克尔效应并假设腔体静止，顺、逆时针方向上的谐振频率分别为

$$v_q^{\text{CW}} = \frac{qc}{p\left(n_{\text{eff},0} + \bar{n}_{2,\text{core}} \dfrac{P_{\text{CW}}}{A_{\text{eff}}}\right)} \qquad v_q^{\text{CCW}} = \frac{qc}{p\left(n_{\text{eff},0} + \bar{n}_{2,\text{core}} \dfrac{P_{\text{CCW}}}{A_{\text{eff}}}\right)} \qquad (5.5)$$

式中：q 为谐振模阶数；P_{CW} 和 P_{CCW} 为在腔体中两传播光束的光功率（假设两束光非同步激励）。

由克尔效应导致的误差为

$$\Delta\Omega_{\text{Kerr}} = S^{-1}(v_q^{\text{CW}} - v_q^{\text{CCW}}) = \frac{4A_{\text{eff}}n_{\text{eff},0}\bar{n}_{2,\text{core}}\delta P v_0 S^{-1}}{4(A_{\text{eff}}n_{\text{eff},0} + \bar{P}\bar{n}_{2,\text{core}})^2 + (\bar{n}_{2,\text{core}}\delta P)^2} \qquad (5.6)$$

式中：S 为陀螺标度因数；δP 为由 P_{CW} 和 P_{CCW} 确定的功率差；v_0 为陀螺仪工作频率；$\bar{P}$ 为 P_{CW} 和 P_{CCW} 的平均值。由于 $\bar{n}_{2,\text{core}}$ 通常小于 10^{-16}W/m^2，可推得 $\bar{P}\bar{n}_{2,\text{core}} \ll$

$A_{\text{eff}}n_{\text{eff},0}$，$(\bar{n}_{2,\text{core}}\delta P)^2 \ll A_{\text{eff}}n_{\text{eff},0}$。因此，由克尔效应导致的偏值近似表达式可简写为

$$\Delta\Omega_{\text{Kerr}} \cong \frac{\bar{n}_{2,\text{core}}}{SA_{\text{eff}}n_{\text{eff},0}}\delta P v_0 \times \frac{3600 \times 180}{\pi}\ ((°)/h) \tag{5.7}$$

由式(5.7)可以明显看出，由克尔效应导致的漂移误差与谐振腔内顺、逆时针传播的信号光功率之差成正比。

在贯穿端口处的谐振光谱响应呈洛伦兹形，且至少有两个谐振频率，分别在顺、逆时针方向上。在下载端口的光谱响应也呈洛伦兹形，但最多只有在顺、逆时针方向上的两个谐振频率。在所有情况下，谐振光谱响应都是周期性的，且响应周期(即自由光谱范围，FSR)与环形腔半径成反比。

当存在一个或两个输入/输出直波导时，环形谐振腔贯穿端口的光谱响应表达式为

$$T_{\text{1busWG}}(\lambda) = \left| \frac{\sqrt{\gamma - \kappa^2} - \gamma e^{i\beta p}e^{-\alpha p/2}}{1 - \sqrt{\gamma - \kappa^2}e^{i\beta p}e^{-\alpha p/2}} \right|^2$$

$$T_{\text{2busWGs}}(\lambda) = (\gamma - \kappa^2)\left| \frac{1 - \gamma e^{i\beta p}e^{-\alpha p/2}}{1 - (\gamma - \kappa^2)e^{i\beta p}e^{-\alpha p/2}} \right|^2 \tag{5.8}$$

式中：α 为环内传播损耗导致的衰减系数；κ^2 为直波导传播到谐振环部分的光功率；$\gamma(\leqslant 1)$ 为连接处耦合导致的损耗相关系数；β 为环内的光模传播常数；L 为谐振腔长度。当 $\beta L = 2q\pi$ 成立时，得到 $T(\lambda)$ 的最小值；当 $\beta L = 2(q+1)\pi$ 时，得到 $T(\lambda)$ 的最大值，q 为谐振阶数。

基于贯穿端口的光谱响应，谐振器精细度 F 及品质因数 Q 可定义为

$$F = \frac{FSR}{\delta\lambda} \qquad Q = \frac{\lambda_{q,0}}{\delta\lambda} \tag{5.9}$$

式中：$\delta\lambda$ 为谐振光谱宽，定义为全波半峰值(FWHM)；$\lambda_{q,0}$ 为谐振波长。

基于环形谐振器的无源集成陀螺仪，其性能在很大程度上取决于光学腔体的尺寸及品质因数。不考虑检测系统时，受散粒噪声影响的最小可测角速率可表示为

$$\Delta\Omega = \frac{c\sqrt{2}}{SQ\lambda_0}\prod \times \frac{3600 \times 180}{\pi}\ ((°)/h) \tag{5.10}$$

式中：λ_0 为传感器工作波长。

受散粒射击噪声引起的角度随机游走可表示为

$$\Delta\Omega = \frac{c\sqrt{2}}{SQ\lambda_0\sqrt{B}}\prod \times \frac{60 \times 180}{\pi}\ ((°)/\sqrt{h}) \tag{5.11}$$

60

集成式无源谐振腔尺寸影响了陀螺仪的标度因数,腔体的品质因数则取决于光损耗及谐振腔长度。为使陀螺满足最小可测角速率 $\delta\Omega < 5°/\text{h}$ 及角度随机游走系数 $\text{ARW} < 0.02°/\sqrt{\text{h}}$ 的精度指标,至少要求谐振腔品质因数约为 10^6,腔体长度为几厘米。

因为谐振模式造成的损耗会严重影响腔体的品质因数,因此,一些被用于低损耗光波导的技术也可用于集成光学腔体。

硅基二氧化硅技术可使光波导在工作波长为 $1.5\mu\text{m}$ 的损耗非常小($< 0.1\text{dB/cm}$)。通常,这些波导采用火焰水解沉积及反应离子刻蚀的方法制取。在硅基质上,用火焰水解法沉积两个二氧化硅层,第二层由于掺杂了锗,其折射率比第一层更大。沉积后,两层在温度为 1300℃ 的锅炉中合并。接着,导引层用反应离子刻蚀技术除去。最后,再将硅包层用火焰水解沉积并合并。这种波导的传播损耗取决于导引层与包裹层的折射率的指数对比。当指数对比满足 $\Delta < 1\%$ 时,传播损耗为 $0.02 \sim 0.03\text{dB/cm}$ 。波导的弯曲损耗,随弯曲半径的增大成指数级减小。为了使弯曲损耗可忽略不计,曲率半径必须大于几毫米。

利用硅基二氧化硅技术制造的一些环形谐振腔有非常好的品质因数。实验室测得的最大品质因数为 2.4×10^7,该方案采用了一个工作波长为 $1.55\mu\text{m}$ 的谐振器,且使用了一个具有 $5\mu\text{m} \times 5\mu\text{m}$ 方形核心区的波导,实现了在热生长氧化硅上沉积了掺杂磷的二氧化硅核心层以及掺杂硼、磷的玻璃外部包层[44]。波导折射率为 0.7% ,得到的传播损耗约为 0.024dB/cm 。

为了使利用硅基二氧化硅技术制得的谐振器能拥有更好的品质因数,考虑在硅基二氧化硅环形谐振器内,混合集成两个半导体光学放大器(SOAs)[45-48],如图 5.13 所示。由于有两个半导体光学放大器被用于补偿谐振模式造成的光损耗,因此,可得到非常高的品质因数[49,50]。当谐振环半径为 10mm,且直波导与环形谐振器的耦合效率为 0.1% 时,在忽略自发射噪声的影响后,可计算出其品质因数高达 2.9×10^8 。而当考虑被放大的自发射噪声效应影响时,将该谐振腔用于无源检测光纤陀螺仪,可预测其最小可测角速率约为 $10°/\text{h}$[51]。

基于磷化铟技术实现的半导体光学放大器由于无法被简单的集成到一块硅片上,因此会使环形谐振腔与放大器之间存在功率转换问题,从而导致硅基二氧化硅谐振腔与半导体光学放大器之间接口的背反射。

参考文献[52]报道了最早用于敏感旋转的 PIC,如图 5.14 所示。PIC 主要包括了一个 14.8cm 长集成环形谐振腔和一个集成二进制相位变换调制器,用于顺、逆时针方向光束间的能量转换。其中,谐振腔用硅基二氧化硅技术实现,

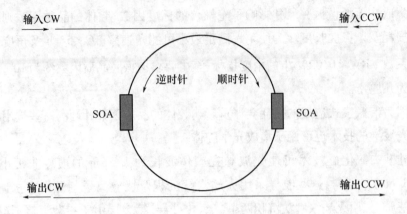

图 5.13　含两个半导体光学放大器的环形谐振器结构示意图

可达到较低的传播损耗；该调制器基于热光效应，通过 4 个基于马赫—曾德耳干涉仪(Mach – Zehnder interferometer)的转换器将激光器频率锁定在顺、逆时针方向谐振频率上的方法，实现角速率测量。

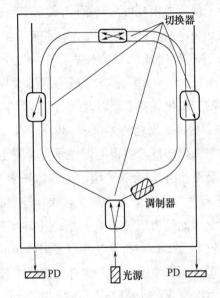

图 5.14　基于硅基二氧化硅技术的频敏无源集成光学陀螺仪示意图

在这种陀螺仪中，光源、光电探测器、电子检测电路都在芯片内外部，陀螺仪工作波长为 1550nm，角速率测量误差为 10°/h。

近来出现了另一种用于敏感旋转的 PIC，只包括一个半径为 9.5mm(总长度约为 6cm 的环形谐振腔)、三个耦合器及一个用硅基二氧化硅技术实现的直波导[53]。由于采用了导引结构，其损耗非常小，因此谐振器的品质因数非常高，可

达 3.12×10^6，最小可测角速率约为 15°/h。其检测系统包括一个光纤激光器、两个相位调制器、两个声光频移器、两个偏振控制器、两个光电探测器以及芯片外的两个锁定放大器。为了提高陀螺仪的分辨率，该研究小组近来提出采用基于硅基二氧化硅技术的多匝线圈环形谐振器，总长度达到了 77cm[54]。光腔包含了许多交叉波导，交叉角度已通过大量深入的研究表明，最佳角度为 90°。理论上，采用了这种多匝线圈谐振腔的陀螺仪，其最小可测角速率为 0.1(°)/h。

还有两种用于制造低损耗波导的技术，分别为玻璃离子交换技术及钛扩散铌酸锂技术。铌酸锂波导在工作波长为 $1.55\mu m$ 时的最小传播损耗可低至 $0.03dB/cm$[55]，而采用玻璃离子交换结构的传播损耗能低于 $0.1dB/cm$[56]。尽管这些损耗值都显得非常小，但相对于用硅基二氧化硅技术制作的波导，这些损耗值还是太大了。然而，离子交换玻璃波导的制作还是相对简单和廉价的，玻璃中引入有源掺杂物可实现光损耗的有效补偿，以应用于光泵激光器。在基于环形激光器的无源陀螺仪领域，铌酸锂技术表现出良好的发展前景，最主要是因为有可能实现光泵激光器(可以用掺铒铌酸锂技术)与电光调制器的整体集成。

用商用的硅酸盐玻璃(Schott IOG-10)进行银离子交换可用于制作环形谐振器，其工作波长为 1550nm，半径为 8mm，可应用于无源光纤陀螺仪[57]。利用电子束蒸发，可将厚为 150nm 的钛层沉积至玻璃基质上，然后再用传统的光刻将在钛层上加工出 $2\mu m$ 宽的通道口。在被融化的硝酸银和硝酸钠混合物中进行离子交换，最后的步骤是退火工作。可测得谐振腔内的光损耗约为 0.1dB/cm，品质因数为 2×10^6。在同一基质上，还集成了两个直波导和一个 Y 型分离器，直波导可耦合谐振器中顺、逆时针方向的波束。

参考文献[58]报道了一种用于敏感旋转的 PIC，这种 PIC 以玻璃溅射沉积及反应离子刻蚀法制造。系统包含环形谐振器和一个采用掺铒玻璃实现的可调光泵激光器。由于检测系统的两个光电探测器在芯片外部，因此不是一种无源集成光学陀螺仪，目前尚不明确这种陀螺仪的相关性能参数。

通过引入泵浦信号的光增益可用于补偿传播损耗，使玻璃环形谐振器的 Q 值超过 10^7。参考文献[59]报道了基于掺钕硅酸盐玻璃的跑道形补偿式谐振腔。谐振腔工作波长为 $1.02\mu m$，总长度为 56.07mm。由半导体激光器发射的泵浦信号，工作波长为 $0.83\mu m$，功率为 150mW。该装置的结构包括两个直波导，一个用于产生信号(以激励谐振器及检测谐振光谱响应)，另一个用于泵浦信号，如图 5.15 所示。通过对环形腔传播损耗的补偿，可获取非常好的精细度和品质因数($F = 250$，$Q = 1.89 \times 10^7$)。

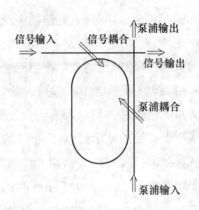

信号输入　　　信号耦合　　　泵浦输出

信号输出

泵浦耦合

泵浦输入

图 5.15　基于玻璃离子交换的补偿型环形谐振腔示意图

参考文献[60]报道了一种用于敏感旋转角速率的高 Q 值铌酸锂光学环形谐振腔。该谐振腔的半径为 30mm，品质因数为 2.4×10^6，在 Z 切铌酸锂基底上制作，这种 Z 切铌酸锂腔由 $7\mu m$ 宽及厚 100nm 的钛条在 1060℃下热扩散制得，谐振腔中包含一个直波导，光损耗约为 0.03dB/cm。

这种用于敏感旋转的环形谐振腔已经在理论及实验方面得到了深入的研究。理论上，其最小可测角速率约为 7°/h，但是激光频率的漂移大大降低了分辨率。作者最早得到的最小可测角速率实验结果为 $\delta\Omega = 36000°/h$。

运用 III－V 半导体技术有可能实现无源集成陀螺仪的整体集成，但是由 III－V 半导体构成的无源环形谐振器的品质因数通常较差，尺寸也在几十微米左右[61]。

有两种方法可以提升由 III－V 半导体构成的无源环形谐振腔的品质因数：第一种方法是通过在环中置入一个或两个半导体光学放大器，对谐振模式的传播损耗进行补偿；第二种方法是采用半径更大的环，以及具有较低折射率的波导。

参考文献[62]报道了一种半导体光学放大器补偿的磷化铟环形谐振腔。这种装置中，半导体光学放大器在环内，如图 5.16 所示。这种基于半导体光学放大器的波导与无源波导的几何配置方式不同，但都是对接耦合。其制作工艺流程是：首先，构造一个无源谐振环；然后，将环的一段去除；最后，通过选择性二次生长方式，在磷化铟基质上形成半导体放大器，补全整个环形谐振腔。谐振环的总长度约为 7mm，品质因数为 2.2×10^5。参考文献[63]报道了另一研究团队采用两个由磷化铟制成的半导体光学放大器的磷化铟环形谐振器，并取得了相同的品质因数。用这种方法去增强磷化铟环形谐振器的品质因数的主要问题在于如何在同一磷化铟基质上集成一个无源波导和一个半导体光学放大器。而且,将半导体光学放大器集成在无源环形谐振器中,将增强谐振器的背向散射效应,并引起谐振腔放大的自发辐射噪声。

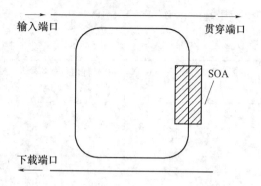

图 5.16 半导体光学放大器补偿光学谐振腔结构图

为了减小导引层与包裹层的折射率比值,可采用由 InGaAsP/InP 制成的无源波导,这种波导表现出较低的传播损耗(< 1dB/cm)。参考文献[64]报道了一种全 InGaAsP/InP 波导(折射率比值 $\Delta = 5.74\%$),可实现高 Q 值的未补偿磷化铟环形谐振腔。实验室测得在这种导引层结构(图 5.17 中的交叉段)中的传播损耗处于 $0.8 \sim 0.9$dB/cm。由这种波导制造的环形谐振腔半径为 0.2mm,品质因数为 1.3×10^5。参考文献[65]中报道,当 InGaAsP/InP 波导的折射率比值满足 $\Delta < 5\%$ 时,其传播损耗需小于 0.5dB/cm。由这种波导制成的大半径(半径大于 1mm)环形激光器,其品质因数可优于 10^6。当磷化铟环形谐振腔的总长度为 20cm,品质因数为 1.5×10^6,采用该谐振器的无源陀螺仪的最小可测角速率可小于 $10°/h^{[66]}$。

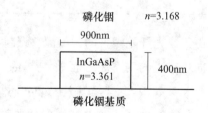

图 5.17 低损耗 InGaAsP/InP 波导交叉段示意图

SOI 环形谐振腔可达的最大品质因数约为 1.5×10^5。受品质因数局限性,采用 SOI 环形谐振器的无源集成光学陀螺很难达到 $10°/h$ 以下的最小可测角速率。

表 5.2 给出了已有文献中高 Q 值环形谐振器的性能比较。如果这些谐振

器被应用于陀螺仪的旋转敏感元件,其最小可测角速率均可估计出来。由已有的数据可知,采用环形谐振腔的无源集成光纤陀螺的最小可测角速率值一般为 $1° \sim 10°/h$,角度随机游走在 $4 \times 10^{-3}° \sim 4 \times 10^{-2}°/h$。

表5.2 几种高 Q 值环形谐振器的性能比较

作者	腔长 /mm	标度因数 /(Hz/rad·s^{-1})	品质因数	$\delta\Omega$ 估计值 /((°)/h)	ARW 估值 /((°)/$\sqrt{h}$)	采用技术
参考文献[44] Adar 等	188.4	3.87×10^4	2.3×10^7	1	0.0037	硅基二氧化硅技术
参考文献[52] Suzuki 等	148	—	—	10	0.037	硅基二氧化硅技术
参考文献[45] Cimineli 等	94.8	1.90×10^4	2.9×10^8 (理论值)	0.2	7.5×10^{-4}	SOA 补偿硅基二氧化硅技术
参考文献[53] Ma 等	59.7	1.20×10^4	3.1×10^6	15	0.056	硅基二氧化硅技术
参考文献[57] Li 等	50.2	1.03×10^4	2×10^6	50	0.19	玻璃 Ag$^+$ 离子交换技术
参考文献[59] Hsiao 等	56.1	1.66×10^4	1.9×10^7	3	0.01	掺 N$_2$O$_3$ 玻璃离子交换技术
参考文献[60] Vannahme 等	188.4	3.87×10^4	2.4×10^6	7	0.026	钛铌酸锂

前面已经提到,无源集成光纤陀螺仪的偏值漂移误差是由克尔效应引起,与光腔内沿顺、逆时针方向传播光的功率之差有关。给定一硅基二氧化硅环形谐振器构成的旋转传感器,其参数为 $S = 2 \times 10^4 \text{Hz/rad/s}$,$A_{\text{eff}} = 25 \mu\text{m}^2$,$n_{\text{eff},0} = 1.5$,$v_0 = 193.5 \text{THz}$,$\bar{n}_{2,\text{core}} = 2.6 \times 10^{-20} \text{m}^2/\text{W}$(二氧化硅的典型值),结合式(5.7)可得陀螺仪漂移与功率差 δP 之间的关系如图 5.18 所示。由图可知,要使硅基二氧化硅陀螺的漂移小于 $0.5°/h$,功率差 δP 就必须小于 $0.3 \mu\text{W}$。而当功率差满足 $\delta P < 0.1 \mu\text{W}$ 时,由克尔效应导致的漂移误差满足 $\Delta\Omega_{\text{Kerr}} < 0.15°/h$。对用于实现高性能(漂移小于 $0.01°/h$)的硅基二氧化硅陀螺仪,其功率差 δP 就必须得到精确的控制(在几个 10^{-9}W 的范围内)。

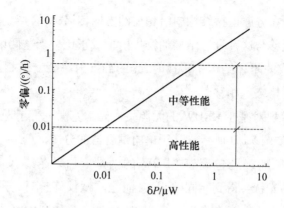

图5.18　陀螺仪漂移与功率差δP之间的关系示意图

5.2.2　基于耦合环形谐振腔的无源集成光学陀螺仪

目前,已开展大量研究通过降低群速使光速减慢,以便用于集成式光学环形谐振器[67]。有两种结构已被应用于这个目的:一种是谐振耦合光波导(CROW)[68];另一种是侧耦合集成空间序列谐振腔(SCISSOR)[69,70],如图5.19所示。谐振耦合光波导由一串耦合谐振腔构成,由于相邻谐振之间的耦合,使光在耦合谐振腔中传播。侧耦合集成空间序列谐振器由序列式排列的谐振腔分别与直波导短瞬耦合构成。这些谐振腔与直波导充分接近,以实现短瞬耦合,但是两两谐振腔之间的距离足够远,因此可忽略谐振腔之间的耦合。

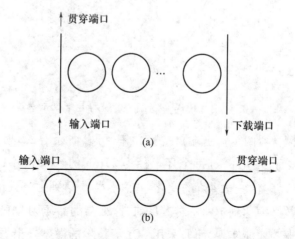

图5.19　CROW结构示意图(a)和SCISSOR结构示意图(b)

如果两束光在分散谐振结构中沿相反的方向传播,就会产生萨格奈克相移。由旋转引起的相移与这种分散结构的群折射率成正比。当这两束光在用 CROW 或 SCISSOR 制成的闭环结构中传播时,光的群折射率会变的相当大,同时产生比此前更大的萨格奈克相移[71-73]。

参考文献[74]对基于 CROW 的无源集成光学陀螺进行了理论性阐述,并对其进行了建模,如图 5.20 所示。基于单向耦合器的分离器(功率为 3dB)将激光束分成两束,分别加载到包裹着 CROW 的两端。如果陀螺仪静止,这两束在 CROW 中传播的光就会得到相同的相移;而当陀螺仪旋转时,分别沿顺、逆时针方向传播的两束光之间就会产生一个相移差,即二者在 CROW 中传播后的相移不相同。在 CROW 输出端的信号产生一个由旋转引起的相移 $\Delta\varphi$,并在单向耦合器中干涉。耦合器两个端口输出的光功率取决于 $\Delta\varphi$,可表示为

$$P_{\text{out},1} = P_{\text{in}}\cos^2\left(\frac{\Delta\varphi}{2}\right), \quad P_{\text{out},2} = P_{\text{in}}\sin^2\left(\frac{\Delta\varphi}{2}\right) \tag{5.12}$$

式中:P_{in} 为激光束的光功率。

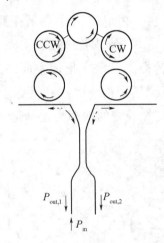

图 5.20　基于 CROW 的无源集成光学陀螺仪示意图

通过测量耦合器两个输出端口的光功率,可以估计出 $\Delta\varphi$ 和旋转角速率的值。在一种包含了 9 个环,且每个环半径为 25μm 的 CROW 中,旋转角速率为 1°/h 时可产生 $P_{\text{out},2}$ 值约为 4% 的变化。然而,为了达到上述性能,每个环形谐振器的品质因数必须达到 10^7 左右。目前,这么高的品质因数只有大半径硅聚硅化物环形谐振腔才能实现,而非采用 SOI 等技术的微型环谐振腔。当环形谐振腔的品质因数降至 $10^4 \sim 10^5$ 时,将严重地降低陀螺仪的分辨率。

参考文献[75]报道了一种类似的集成光学旋转传感器,也通过测量两束反

向传播的光束间的相移来敏感旋转,该类型无源陀螺仪包含一个定向耦合器、一个 U 形弯波导以及一个光学谐振腔。谐振腔由两个半径不同的耦合环构成。当陀螺仪旋转时,光腔耦合输出的光束将产生一个相移 $\Delta\varphi$,其表达式为

$$\Delta\varphi = \frac{n_g}{n_{\text{eff}}} \times \frac{8\pi^2 R_1^2}{c\lambda}\Omega \tag{5.13}$$

式中:n_g 为环嵌套式谐振腔的群折射率;n_{eff} 为传感器中光信号传播的有效折射率;λ 为工作波长;R_1 为最大环的半径。

该类型陀螺仪的品质因数受相敏陀螺仪(如干涉式光纤陀螺)典型的标度因数与比率 n_g/n_{eff} 的影响,此处有

$$\frac{n_g}{n_{\text{eff}}} = \frac{\partial T_\phi}{\partial \phi_1} \tag{5.14}$$

且有

$$\phi_1 = \beta_1(2\pi R_1) \tag{5.15}$$

式中:β_1 为最大环中的传播常数;T_ϕ 为与波长相关的谐振腔相位响应,其表达式为

$$T_\phi = \arg\left[\frac{E_{\text{in}}}{E_{\text{out}}}\right] \tag{5.16}$$

式中:E_{in} 与 E_{out} 为信号在腔口处的复振幅。ϕ_1 对 T_ϕ 的影响表现为共振时最大环谐振波长的最大斜率。若传感器工作在谐振波长时,n_g/n_{eff} 的比值最大。

参考文献[75]报道的传感器,环半径 $R_1 = 16.4$cm,n_g/n_{eff} 的比值约为 50,工作波长 $\lambda = 1.55\mu$m,角速率为 10°/h 的旋转将引起相移为 $\Delta\varphi = 4.6 \times 10^{-7}$rad。

参考文献[76]从理论上描述了基于 SCISSOR 结构的无源集成陀螺仪,如图 5.21 所示。这种陀螺包含一个圆形波导,该波导与多个高 Q 值的微谐振器相耦合。在圆形导引结构中反向传播的两束光,会由旋转引起相移。通过使光的低群速光束在圆形路径中传播,该相移可得到增强,但是参考文献[76]没有提供任何关于该装置性能的数据。

参考文献[77]在理论上研究了旋转对一个 CROW 下载端口的光谱响应的影响,其中 CROW 包含了大量耦合的集成光学谐振器。当 CROW 静止时,下载端口处的光谱响应表现为周期性的通频带与截止带序列。而 CROW 旋转时,其响应会引入额外的截止带。这些额外截止带的宽度和斜角与 CROW 的旋转角速率成正比。标度因数与截止带的宽度和旋转角速率有关,对于一个含有 29 个半径为 25μm 的环形谐振器的 CROW,其标度因数为 67.5。为了观测旋转引起

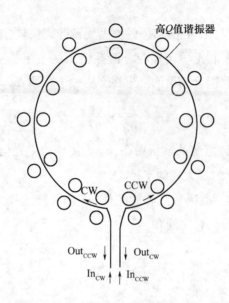

图 5.21　基于 SCISSOR 的无源集成陀螺示意图

的截止带,就必须要求一个较大的旋转角速率。例如,这个含有 29 个环形谐振器的设备中,为了观测下拉端口 CROW 光谱响应中的截止带,就要求旋转角速率在 10^8rad/s ($= 2 \times 10^{13}°$/h)左右。

5.2.3　基于光子晶体腔的无源集成光学陀螺仪

光子晶体是一种有序结构,在晶体中,两种不同折射率的介质,按周期形式配置,其周期数至少为几百纳米或是更小的量级。参考文献[78]设计的一些亚微米结构,可抑制沿所有方向传播光的频带。基于这种空间上的周期性结构,我们将光子晶体分为一维(1D)光子晶体、二维(2D)光子晶体和三维(3D)光子晶体。

将光子晶体用于薄半导体板波导的制造,具有良好的发展前景,这种波导通过在半导体板上钻出呈周期性分布的二维格状气孔制取。在这种结构中,由于二维格状气孔的全内反射与平面光隔离,使得垂直方向上的光受到了限制[79]。这种结构还有一种单点缺陷,例如,通过改变一个气孔的半径或者除去一个气孔,将会得到高 Q 值的光学微型腔体,如图 5.22 所示。

最近,B. Z. Steinbergu 与 A. Boag 预测,一个光子晶体微型腔可支持两种简并谐振模式方面,旋转将使谐振频率 $v_{q,0}$ 对称分解为两个不同的谐振频率 $v_{q,0} \pm \Delta v/2$[80]。差值 Δv 与光子晶体微型腔的角速度成正比。当光子晶体微型腔的品质因数超过 10^5 时,Δv 可实现定量估计。在这种情况下,与 Δv 及旋转角速率 Ω

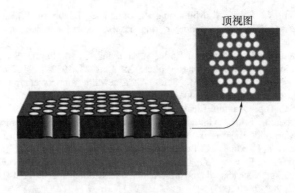

顶视图

图 5.22　高 Q 值光子晶体微型腔结构示意图

(单位为 rad/s)有关的标度因数约为 1.6×10^{-2}。由于标度因数值很小,需进一步开展 PhC 微型腔研究,以便用于敏感旋转。

　　参考文献[81]论述了耦合光子晶体微型腔的相关应用问题,通过使用 12 个耦合光子晶体微型腔,可得到小于 3 的标度因数,但是该值与一般无源集成光学陀螺仪的标度因数差太多。

参 考 文 献

1. Nagarajan, R., et al.: Large-scale photonic integrated circuits. IEEE J. Sel. Top. Quantum Electron. **11**, 50–65 (2005)
2. Liao, S., Wang, S.: Semiconductor injection lasers with a circular resonator. Appl. Phys. Lett. **36**, 801–803 (1980)
3. Jezierski, A.F., Laybourn, P.J.R.: Integrated semiconductor ring lasers. IEE Proc. **135**, 17–24 (1988)
4. Krauss, T.F., Laybourn, P.J.R., Roberts, J.S.: CW operation of semiconductor ring lasers. Electron. Lett. **26**, 2095–2097 (1990)
5. Hohimer, J.P., Craft, D.C., Hadley, G.R., Vawter, G.A., Warren, M.E.: Single-frequency continuous-wave operation of ring diode lasers. Appl. Phys. Lett. **59**, 3360–3362 (1991)
6. Choi, S.J., Djordjev, K., Choi, S.J., Dapkus, P.D.: Microdisk lasers vertically coupled to output waveguides. IEEE Photonics Technol. Lett. **15**, 1330–1332 (2003)
7. Zhang, R., Ren, Z., Yu, S.: Fabrication of InGaAsP double shallow ridge rectangular ring laser with total internal reflection mirror by cascade etching technique. IEEE Photonics Technol. Lett. **19**, 1714–1716 (2007)
8. Chen, Q., Hu, Y.-H., Huang, Y.-Z., Du, Y., Fan, Z.-C.: Equilateral-triangle-resonator injection lasers with directional emission. IEEE J. Quantum Electron. **43**, 440–444 (2007)
9. Van Campenhout, J., Rojo-Romeo, P., Regreny, P., Seassal, C., Van Thourhout, D., Verstuyft, S., Di Cioccio, L., Fedeli, J.-M., Lagahe, C., Baets, R.: Electrically pumped InP-based microdisk lasers integrated with a nanophotonic silicon-on-insulator waveguide circuit. Opt. Express **15**, 6744–6749 (2007)
10. Hansen, P.B., Raybon, G., Chien, M.-D., Koren, U., Miller, B.I., Young, M.G., Verdiell, J.-M., Burrus, C.A.: A 1.54-μm monolithic semiconductor ring laser: CW and mode-locked operation. IEEE Photonics Technol. Lett. **4**, 411–413 (1992)

11. Sorel, M., Giuliani, G., Scirè, A., Miglierina, R., Donati, S., Laybourn, P.J.R.: Operating regimes of GaAs–AlGaAs semiconductor ring lasers: experiment and model. IEEE J. Quantum Electron. **39**, 1187–1195 (2003)
12. Sorel, M., Laybourn, P.J.R., Scirè, A., Balle, S., Giuliani, G., Miglierina, R., Donati, S.: Alternate oscillations in semiconductor ring laser. Opt. Lett. **27**, 1992–1994 (2002)
13. Giuliani, G., Miglierina, R., Sorel, M., Scirè, A.: Linewidth, autocorrelation, and cross-correlation measurements of counterpropagating modes in GaAs-AlGaAs semiconductor ring lasers. IEEE J. Sel. Top. Quantum Electron. **11**, 1187–1192 (2005)
14. Sorel, M., Laybourn, P.J.R., Giuliani, G., Donati, S.: Unidirectional bistability in semiconductor waveguide ring lasers. Appl. Phys. Lett. **80**, 3051–3053 (2002)
15. Cao, H., Ling, H., Liu, C., Deng, H., Benavidez, M., Smagley, V.A., Caldwell, R.B., Peake, G.M., Smolyakov, G.A., Eliseev, P.G., Osiński, M.: Large S-section-ring-cavity diode lasers: directional switching, electrical diagnostics, and mode beating spectra. IEEE Photonics Technol. Lett. **17**, 282–284 (2005)
16. Cao, H., Deng, H., Ling, H., Liu, C., Smagley, V.A., Caldwell, R.B., Smolyakov, G.A., Gray, A.L., Lester, L.F., Eliseev, P.G., Osiński, M.: Highly unidirectional InAs/InGaAs/GaAs quantum-dot ring lasers. Appl. Phys. Lett. **86**, 203117-1–203117-3 (2005)
17. Sohler, W., Das, B.K., Dey, D., Reza, S., Suche, H., Ricken, R.: Erbium-doped lithium niobate waveguide lasers. IEICE Trans. Electron. **E88-C**, 990–997 (2005)
18. Das, B.K., Suche, H., Sohler, W.: Single-frequency Ti:Er:LiNbO$_3$ distributed Bragg reflector waveguide laser with thermally fixed photorefractive cavity. Appl. Phys. B **73**, 439–442 (2001)
19. Das, B.K., Ricken, R., Sohler, W.: Integrated optical distributed feedback laser with Ti:Fe:Er:LiNbO$_3$ waveguide. Appl. Phys. Lett. **82**, 1515–1517 (2003)
20. Sohler, W., Das, B., Reza, S., Ricken, R.: Recent progress in integrated rare-earth doped LiNbO$_3$ waveguide lasers. In: Proceedings of the 9th Optoelectronics and Communications Conference, Kanagawa, Japan, 12–16 July 2004, p. 568
21. Vossler, L., Olinger, M.D., Page, J.L.: Solid medium optical ring laser rotation sensor. US Patent # 5,408,492 (1995)
22. Rong, H., Xu, S., Kuo, Y.-H., Sih, V., Cohen, O., Raday, O., Paniccia, M.: Low-threshold continuous-wave Raman silicon laser. Nat. Photonics **1**, 232–237 (2007)
23. De Leonardis, F., Passaro, V.M.N.: Modeling and performance of a guided-wave optical angular-velocity sensor based on Raman effect in SOI. J. Lightwave Technol. **25**, 2352–2366 (2007)
24. Scheuer, J., Green, W.M.J., DeRose, G.A., Yariv, A.: InGaAsP annular Bragg lasers: theory, applications, and modal properties. IEEE J. Sel. Topics Quantum. Electron. **11**, 476–484 (2005)
25. Scheuer, J.: Direct rotation-induced intensity modulation in circular Bragg micro-lasers. Opt. Express **15**, 15053–15059 (2007)
26. Frolov, S.V., Shkunov, M., Fujii, A., Yoshino, K., Vardeny, Z.V.: Lasing and stimulated emission in π-conjugated polymers. IEEE J. Quantum Electron. **36**, 2–11 (2000)
27. Kenji, O.: Semiconductor ring laser gyro. Japanese patent # JP 60,148,185 (1985)
28. Donati, S., Giuliani, G., Sorel, M.: Proposal of a new approach to the electrooptical gyroscope: the GaAlAs integrated ring laser. Alta Frequenza **9**, 61–62 (1997)
29. Armenise, M., Laybourn, P.J.R.: Design, simulation of a ring laser for miniaturised gyroscopes. Proc. SPIE **3464**, 81–90 (1998)
30. Armenise, M.N., Passaro, V.M.N., De Leonardis, F., Armenise, M.: Modeling and design of a novel miniaturized integrated optical sensor for gyroscope applications. J. Lightwave Technol. **19**(10), 1476–1494 (2001)
31. Armenise, M.N., Armenise, M., Passaro, V.M.N., De Leonardis, F.: Integrated optical angular velocity sensor. European Patent # 1219926 (2000)
32. European Space Agency (ESA), IOLG project 1678/02/NL/PA: Ring lasers model and quantum effect in integrated optical angular velocity sensor. Contract Report, December 2003
33. Taguchi, K., Fukushima, K., Ishitani, A., Ikeda, M.: Self-detection characteristics of the

Sagnac frequency shift in a mechanically rotated semiconductor ring laser. Measurement **27**, 251–256 (2000)

34. Taguchi, K., Fukushima, K., Ishitani, A., Ikeda, M.: Experimental investigation of a semiconductor ring laser as an optical gyroscope. IEEE Trans. Instrum. Meas. **48**, 1314–1318 (1999)

35. Osiński, M., Cao, H., Liu, C., Eliseev, P.G.: Monolithically integrated twin ring diode lasers for rotation sensing applications. J. Cryst. Growth **288**, 144–147 (2006)

36. Cao, H., Liu, C., Ling, H., Deng, H., Benavidez, M., Smagley, V.A., Caldwell, R.B., Peake, G.M., Smolyakov, G.A., Eliseev, P.G., Osiński, M.: Frequency beating between monolithically integrated semiconductor ring lasers. Appl. Phys. Lett. **86**, 041101-1–041101-3 (2005)

37. Osiński, M., Taylor, E.W., Eliseev, P.G.: Monolithically integrated semiconductor unidirectional ring laser rotation sensor/gyroscope. US Patent # 6,937,342 (2005)

38. Lawrence, A.W.: Thin film laser gyro. US Patent # 4,326,803 (1982)

39. Haavisto, J.R.: Passive resonant optical microfabricated inertial sensor and method using same. US Patent # 5,872,877 (1999)

40. Rabus, D.G.: Integrated Ring Resonators: The Compendium. Springer, Berlin (2007)

41. Ciminelli, C., Dell'Olio, F., Campanella, C.E., Passaro, V.M.N., Armenise, M.N.: Integrated optical ring resonators: modelling and technologies. In: Emersone, P.S. (ed.) Progress in Optical Fibers. Nova Publisher, New York (2009)

42. Ciminelli, C., Campanella, C.E., Armenise, M.N.: Optimized design of integrated optical angular velocity sensors based on a passive ring resonator. J. Lightwave Technol. **27**, 2658–2666 (2009)

43. Ciminelli, C., Passaro, V.M.N., Dell'Olio, F., Armenise, M.N.: Quality factor and finesse optimization in buried InGaAsP/InP ring resonators. J. Eur. Opt. Soc. Rap. Publ. **4**, 09032 (2009)

44. Adar, R., Serbin, M.R., Mizrahi, V.: Less than 1 dB per meter propagation loss of silica waveguides measured using a ring resonator. J. Lightwave Technol. **12**, 1369–1372 (1994)

45. Ciminelli, C., Peluso, F., Armenise, M.N.: A new integrated optical angular velocity sensor. Proc. SPIE **5728**, 93–100 (2005)

46. Ciminelli, C.: Innovative photonic technologies for gyroscope systems. In: EOS Topical Meeting—Photonic Devices in Space, Paris, 18–19 October 2006 (Invited Paper)

47. Ciminelli, C., Peluso, F., Armandillo, E., Armenise, M.N.: Modeling of a new integrated optical angular velocity sensor. In: Optronics Symposium (OPTRO), Paris, 8–12 May 2005

48. Ciminelli, C., Peluso, F., Catalano, N., Bandini, B., Armandillo, E., Armenise, M.N.: Integrated optical gyroscope using a passive ring resonator. In: ESA Workshop, Noordwijk, The Netherlands, 3–5 October 2005

49. European Space Agency (ESA), IOLG project 1678/02/NL/PA: Semiconductor optical amplifier modelling. Contract report, November 2004

50. European Space Agency (ESA), IOLG project 1678/02/NL/PA: Passive resonant angular velocity sensor modelling. Contract report, November 2004

51. European Space Agency (ESA), IOLG project 1678/02/NL/PA. Final report, December 2008

52. Suzuki, K., Takiguchi, K., Hotate, K.: Monolithically integrated resonator microoptic gyro on silica planar lightwave circuit. J. Lightwave Technol. **18**, 66–72 (2000)

53. Ma, H., Zhang, X., Jin, Z., Ding, C.: Waveguide-type optical passive ring resonator gyro using phase modulation spectroscopy technique. Opt. Eng. **45**, 080506 (2006)

54. Ma, H., Wang, S., Jin, Z.: Silica waveguide ring resonators with multi-turn structure. Opt. Commun. **281**, 2509–2512 (2008)

55. Sohler, W., Hu, H., Ricken, R., Quiring, V., Vannahme, C., Herrmann, H., Büchter, D., Reza, S., Grundkötter, W., Orlov, S., Suche, H., Nouroozi, R., Min, Y.: Integrated optical devices in lithium niobate. Opt. Photon. News **19**(1), 24–31 (2008)

56. West, B.: Ion-exchanged glass waveguides. In: Gupta, M., Ballato, J. (eds.) The Handbook of Photonics. CRC Press, Boca Raton (2007)

57. Li, G., Winick, K.A., Youmans, B.R., Vikjaer, E.A.J.: Design, fabrication and characterization of an integrated optic passive resonator for optical gyroscopes. In:

Proceedings of the Institute of Navigation's 60th Annual Meeting, Dayton, USA, 7–9 June 2004

58. Duwel, A., Barbour, N.: MEMS development at Draper Laboratory. In: SEM Annual Conference, Charlotte, USA, 2–4 June 2003

59. Hsiao, H., Winick, K.A.: Planar glass waveguide ring resonators with gain. Opt. Express 15, 17783–17797 (2007)

60. Vannahme, C., Suche, H., Reza, S., Ricken, R., Quiring, V., Sohler, W.: Integrated optical Ti:LiNbO3 ring resonator for rotation rate sensing. In: Proceedings of the European Conference on Integrated Optics (ECIO), Copenhagen, Denmark 2007, paper WE1, 25–27 April 2007

61. Grover, R., Absil, P.P., Ibrahim, T.A., Ho, P.-T.: III-V semiconductor optical micro-ring resonators. In: Michelotti, F., Driessen, A. Bertolotti, M. (eds.) Microresonators Building Bloks for VLSI Photonics. American Institute of Physics (2004)

62. Rabus, D.G., Hamacher, M., Troppenz, U., Heidrich, H.: Optical filters based on ring resonators with integrated semiconductor optical amplifiers in GaInAsP–InP. IEEE J. Sel. Top. Quantum Electron. 8, 1405–1411 (2002)

63. Choi, S.J., Peng, Z., Yang, Q., Hwang, E.H., Dapkus, P.D.: A high-Q wavelength filter based on buried heterostructure ring resonators integrated with a semiconductor optical amplifier. IEEE Photonics Technol. Lett. 17, 2101–2103 (2005)

64. Choi, S.J., Djordjev, K., Peng, Z., Yang, Q., Choi, S.J., Dapkus, P.D.: Laterally coupled buried heterostructure high-Q ring resonators. IEEE Photonics Technol. Lett. 16, 2266–2268 (2004)

65. Ciminelli, C., Passaro, V.M.N., Dell'Olio, F., Armandillo, E., Armenise, M.N.: Three-dimensional investigation of scattering loss in InGaAsP-InP and Silica-on-Silicon bent waveguides. J. Eur. Opt. Soc. Rap. Publ. 4, 09015 (2009)

66. Ciminelli, C., Dell'Olio, F., Passaro, V.M.N., Armenise, M.N.: Low-loss InP-based ring resonators for integrated optical gyroscopes. In: Caneus 2009 Workshop, NASA Ames Center, Moffett Field, CA, USA, 1–6 March 2009

67. Xia, F., Sekaric, L., Vlasov, Y.: Ultracompact optical buffers on a silicon chip. Nat. Photonics 1, 65–71 (2007)

68. Yariv, A., Xu, Y., Lee, R.K., Scherer, A.: Coupled-resonator optical waveguide: a proposal and analysis. Opt. Lett. 24, 711–713 (1999)

69. Heebner, J.E., Boyd, R.W., Park, Q.-H.: SCISSOR solitons and other novel propagation effects in microresonator-modified waveguides. J. Opt. Soc. Am. B 19, 722–731 (2002)

70. Heebner, J.E., Chak, P., Pereira, S., Sipe, J.E., Boyd, R.W.: Distributed and localized feedback in microresonator sequences for linear and nonlinear optics. J. Opt. Soc. Am. B 21, 1818–1832 (2004)

71. Peng, C., Li, Z., Xu, A.: Optical gyroscope based on a coupled resonator with the all-optical analogous property of electromagnetically induced transparency. Opt. Express 15, 3864–3875 (2007)

72. Peng, C., Li, Z., Xu, A.: Rotation sensing based on a slow-light resonating structure with high group dispersion. Appl. Opt. 46, 4125–4131 (2007)

73. Leonhardt, U., Piwnicki, P.: Ultrahigh sensitivity of slow-light gyroscope. Phys. Rev. A 62, 55801 (2000)

74. Scheuer, J., Yariv, A.: Sagnac effect in coupled-resonator slow-light waveguide structures. Phys. Rev. Lett. 96, 53901 (2006)

75. Zhang, Y., Wang, N., Tian, H., Wang, H., Qiu, W., Wang, J., Yuan, P.: A high sensitivity optical gyroscope based on slow light in coupled-resonator-induced transparency. Phys. Lett. A 372, 5848–5852 (2008)

76. Matsko, A.B., Savchenkov, A.A., Ilchenko, V.S., Maleki, L.: Optical gyroscope with whispering gallery mode optical cavities. Opt. Commun. 233, 107–112 (2004)

77. Steinberg, B.Z., Scheuer, J., Boag, A.: Rotation-induced superstructure in slow-light waveguides with mode-degeneracy: optical gyroscopes with exponential sensitivity. J. Opt. Soc. Am. B 24, 1216–1224 (2007)

78. Joannopoulos, J.D., Meade, R.D., Winn, J.N.: Photonic Crystals-Molding the Flow of Light. Princeton University Press (1995)
79. Krauss, F., de la Rue, R.M., Brand, S.: Two-dimensional photonic bandgap structures operating at near-infrared wavelengths. Nature **383**, 699–702 (1996)
80. Steinberg, B.Z., Boag, A.: Splitting of microcavity degenerate modes in rotating photonic crystals-the miniature optical gyroscopes. J. Opt. Soc. Am. B **24**, 142–151 (2007)
81. Shamir, A., Steinberg, B.Z.: On the electrodynamics of rotating crystals, micro-cavities, and slow-light structures: from asymptotic theories to exact green's function based solutions. In: Proceedings of the International Conference on Electromagnetics in Advanced Applications, Torino, Italy, 17–21 Sept 2007, pp. 45–48

第6章　MEMS 陀螺仪

微电子机械系统(MEMS)在诸如汽车、消费电子、医疗、生物科技等领域都有着广泛的应用,因此有着诱人的前景。MEMS 在全球市场份额中所占比例增长迅速,预计在 2010 年它的销售份额将超过 90 亿美元[1]。

MEMS 最具创新性的一项应用是促进了航空系统和飞行器领域技术的发展,包括航天器通信射频开关和时序转换、微传感器远程化学检测、高度小型化科学器件、兆卫星和纳米卫星中小型热控制系统以及空间飞行器导航的惯性传感器[2]。将 MEMS 技术用到空间技术最早是在 20 世纪 90 年代末提出,科研人员投入大量的努力研制性能可靠的样机,由此可以预测,在未来的几年中,MEMS 技术在空间技术领域将得到广泛的发展。

以硅为材料制作的 MEMS 惯性传感器是商业上可用的装置[3]。特别需要指出的是,MEMS 陀螺仪以其低成本、体积小、质量小和低功耗等优势在很多领域尤其是汽车和电子消费领域得到了很广泛的应用[4]。汽车工业对 MEMS 陀螺仪的发展具有很强的驱动力。目前,大部分的汽车都安装上了一定数量的控制系统和安全系统,例如,牵引力控制系统、侧翻检测以及防抱死刹车系统,应用了分辨率为 0.1°/s(=360°/h) MEMS 角速率传感器。博弈控制台、数码摄像机中的消抖系统、无线三维定向器都是采用了小体积低成本 MEMS 陀螺仪最典型的例子。在无人驾驶运载体的导航系统中,对于 GPS 信号丢失情况下,自主运载体的短时导航制导,以及其他 GPS 增强系统应用的 MEMS 陀螺仪,要求最低可检测角速率值小于 10°/h。

因为采用机械振动装置来敏感转动,MEMS 陀螺仪也是振动陀螺仪。立体三维大小在厘米级范围以内的振动角速率传感器从 20 世纪 50 年代就开始发展,这种传感器以稳定的石英谐振器为基础[5]。性能最好的石英振动陀螺仪是半球谐振陀螺仪(HRG),它的偏差稳定性小于 0.001°/h,分辨率小于 0.03°/h(假定传感器带宽为 20Hz)。但这样价格昂贵的传感器以半径约 1cm 的谐振器为基础进行研制的,因此它不能算是微机械装置。MEMS 陀螺仪是硅基微机械加工技术实现的小型化振动陀螺仪。基于石英和金属谐振器的 MEMS 陀螺仪也已经被提出,参考文献[6]介绍了一种典型的石英 MEMS 陀螺仪。高性能的商用石英 MEMS 陀螺仪的偏差漂移为 $3°/h$,分辨率在 $30°/h$ 左右,角度随机游走为 $0.12°/\sqrt{h}$。石英微机械陀螺仪的主要缺点是其批处理过程与集成电路的制作过程不兼容。

MEMS 陀螺仪包括一个支持两个共振模式(主模式和次级式)的机械共振器。正如在第 2 章中所指出的那样,当传感器敏感角速率时,哥氏力与检测模式和驱动模式相耦合。

MEMS 角速率传感器能够在匹配模式和分裂模式两种条件下工作,在匹配模式条件下,敏感模式的谐振频率几乎与驱动模式相同,因此,由旋转引起的哥氏力信号将由敏感模式的机械品质因数放大。在分裂模式中,驱动模式和敏感模式有两个不同的谐振频率。受品质因数放大的影响,处于匹配模式下的陀螺仪具备更高的稳定性和更好的分辨率。而分裂模式在鲁棒性要求高的汽车领域中应用较普遍。

无论是在分裂模式还是在匹配模式,MEMS 陀螺仪的标度因数都会随着谐振器质量的增加而增加。因此,必须实现传感器质量和标度因数间的平衡。

在正常工作状态下,主振模式需经激励产生一定的振幅,振幅的幅值由反馈回路精确监控。而为了能够分解传感器的角速度,需要检测次级模式的振动。

MEMS 陀螺仪的驱动器将电压或电流信号转换为驱动谐振模式的力信号。类似地,两个谐振模式的振幅检测需要一项能够将振荡质量位置转换成可用电子电路测量的物理量。

通常,主谐振器由梳状电极通过静电驱动机理的方式激励,振荡幅值通常采用电容技术进行检测。驱动通常是压电或磁电方式,检测可采用压阻式或压电式。

MEMS 陀螺仪可按照微机械部分和电路部分是单芯片还是两个独立的芯片进行分类。单芯片结构的陀螺仪优点是体积小,电路噪声仅受机械部件和电路部件互连产生的寄生电容的影响,而且将二者装配达到组装要求的额外步骤也省略了。另一方面,两个芯片结构能保证机械部分和电子部分自身的技术优化及生产过程的产率控制。最早的单芯片 MEMS 陀螺仪在 2002 年就已经商业化,并得到了广泛的应用[7]。

由于 MEMS 陀螺仪输出中的噪声取决于环绕机械谐振器周围空气分子的

布朗运动,所以高性能的商业 MEMS 角速率传感器都是采用真空封装模式以便提高其性能。同样,陀螺仪研究样机通常采用真空封装模式。

发展在大气环境下仍具有高性能的的 MEMS 陀螺仪,将能减小陀螺的封装费用和结构复杂性。

微光电机械系统(MOMES),是微光学和 MEMS 技术结合的产物,它属于一种创新性的系统,在光学开关和检测等不同领域都有不同的应用[8]。近几年一直对 MOMES 陀螺仪进行了调研研究。本章将对 MOMES 陀螺仪取得的主要成绩进行简要描述。

6.1 制 造 工 艺

MEMS/MOEMS 陀螺仪制作工艺中的微机械加工过程包括体硅微加工技术、晶片键合技术、表面微加工技术、电镀技术、LIGA 技术以及结合面微加工技术。

体硅微加工技术,通过移除基片的某些区域来获取相应的微结构。通过刻蚀工艺将硅从晶片移除,可支持三维结构芯片的制作。采用电极或熔接的方法,对图样加工后的晶片进行多次键合,进而形成更为复杂的结构。

硅晶片的图形加工用到了一系列的蚀刻工艺技术。蚀刻可以是湿刻或干刻,也可以是各向同性蚀刻或各向异性蚀刻。在湿刻工艺法中,晶片被浸泡在蚀刻溶液中,将硅粒从没有被防护材料(SiO_2 或 Si_3N_4)防护的区域中移除。干刻法在低压弱电离离子体的环境下完成。SF6 干刻法是常用的硅加工工艺。蚀刻结构的深度能通过调整蚀刻持续时间或采用蚀刻停止板层进行控制。同向蚀刻法通常采用湿刻法,而且在所有方向上的蚀刻速率一样。理所当然,异向的蚀刻工艺法在各晶体方向蚀刻速率是不相同的。异向蚀刻法既能采用干刻法,也能采用湿刻法进行。在异向干燥蚀刻法中,如深反应离子蚀刻工艺(DRIE)法与晶片的方向垂直的蚀刻速率要大于与晶片平面平行的蚀刻速率。

石英块微加工技术也常用来制作 MEMS 陀螺仪。

表面微机械加工技术允许在硅电子晶片的表面制作微机械器件。在硅晶片的表面用蚀刻工艺嵌入多种不同的薄膜,就形成了微结构。在基质上,交替覆盖上结构层和牺牲层,并可将这两层制成相应的图案。在工艺结束时通过对牺牲层进行选择性移除,用以定义装置的不同元件。

最典型的 MEMS 结构材料是多晶硅,而二氧化硅通常被用作牺牲层材料。

表面微加工技术的最大优势在于能通过一个制作流程在一个单晶片上制作大量的 MEMS 器件。但是,加工出的结构相比体微加工制造的结构的尺寸小得多。因此,为了增加谐振器的质量,进而增大传感器标度因数,可以采用将表面涂有 SiO₂ 薄层的厚多晶硅层置于 Si 基质顶层的方法。对于质量较大的振荡器来说,还可以采用硅绝缘(SOI)晶片。在该电子晶片的表层有一个单晶硅层,其厚度从几微米到几十微米不等。通过对顶层硅和硅基质之间的 SiO₂ 层不断进行蚀刻处理,形成微结构。SOI 表面微机械工艺制作技术正成为高性能 MEMS 装置的一项极具吸引力的制造技术。

表面微机械加工工艺技术的主要优势是它能与传统制作技术相兼容,这就使得将 MEMS 传感器元件和检测电子电路集成在一个硅芯片上。

电镀技术在 MEMS 中用于沉淀较厚的金属层,为了在硅表面实现一个带规定图案的电镀层,需要将一个称为模型的抗蚀图案沉淀在基底上,保护模型采用紫外光刻法进行处理,采用这项技术可以实现纵横比约为 10∶1 的微结构。

LIGA 采用光刻、电沉积和浇铸等工艺来制造微结构。厚度在微米级到厘米级范围,厚层被置于高能 X 射线环境下,通过这种方式能获得三维的保护结构。然后再用电沉积法将金属填到防护模上采用一个精确校准的 X 射线源能实现非常垂直的侧面,且微结构纵横比大于 100∶1。

6.2　研究样机和商用陀螺仪

在过去的 20 年里,全世界大量科研小组为提出、研制和发展高性价比的 MEMS 陀螺仪做出了大量的努力。而且,能够敏感沿基质面垂向(通常称为 z 轴)和沿基底面 x 轴、y 轴的单轴陀螺仪已经研制成功。用于敏感 x 轴或 y 轴的角速率传感器又被称为横向轴陀螺仪。

本节主要介绍 z 轴 MEMS 陀螺仪,横轴 MEMS 陀螺仪和双轴 MEMS 陀螺仪。

6.2.1　z 轴 MEMS 陀螺仪

参考文献[9]报道了第一个采用体硅微加工技术制作的 MEMS 陀螺仪,如图 6.1 所示,陀螺仪是一个由扭转挠性结构支撑的双框架结构,框架结构采用重掺 P 硅制成,底部切口,运动自由外层框架是一个矩形框架,该框架通过薄梁与支撑基底相连,且能绕 x 轴旋转,尺寸为 0.35mm × 0.5mm。内层框架位于外框

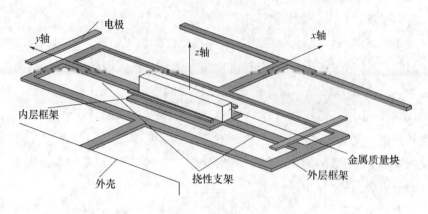

图 6.1 MEMS 陀螺仪的第一个模型[9]

架的中心,且与外层框架通过挠性支架相连。高度约 $25\mu m$ 的惯性金属通过电镀方式置于内框架上,内框架平台可绕 y 轴旋转。外层框架由驱动电极产生的静电驱动,在晶片平面中做恒幅的振荡运动。振荡幅度由自动增益调节方式保持为常数。当陀螺绕 z 轴(与晶片平面垂直)旋转时,由哥氏力诱导的内层框架围就绕 y 轴振荡,振荡频率为 3kHz。内层框架的电极检测次级谐振模式的幅度。通过反馈回路产生与电信号成比例的力,能使得电极的电压值降为 0,这个力被用于检测陀螺仪角速率。已制成这种陀螺,分辨率为 $4°/s$ ($=14400°/h$),带宽为 1Hz,面积约为 $0.2mm^2$ 。目前,该类型的 MEMS 陀螺仪性能已得到了大幅提升,主要体现在:偏差稳定性优于 $7°/h$ ($=2\times10^{-3}°/s$),分辨率达到 $24°/h$ 或 $6.6\times10^{-3}°/s$ (假定带宽为 20Hz),ARW 为 $0.09°/\sqrt{h}$ ($=1.5\times10^{-3}°/\sqrt{s}$)[10]。

最早采用振动部件的陀螺仪是一个"振动陀螺仪",又称为音叉陀螺仪[11]。这种旋转敏感器的尺寸范围在厘米级,包括用一个中心块连接的两个金属齿。叉齿会在它们所在的平面内振动(主振动)。当叉齿围绕它们的轴旋转时,会产生绕自身轴的进动,且进动的振幅与角速率成比例,即能被用于敏感音叉的旋转。z 轴 MEMS 陀螺仪和横轴 MEMS 陀螺仪都是基于相同的物理原理实现陀螺仪功能。

参考文献[12]报道了一种基于表面微加工技术和体硅微加工技术相结合而制成的 z 轴音叉角速率传感器。这种陀螺仪利用安装于传感器顶部的永磁体对双体谐振器进行电磁驱动。驱动能实现振幅为 $50\mu m$ 的主振荡,但如此大的振荡幅值无法通过静电驱动实现,即从理论上讲,陀螺仪的敏感性提高了。敏感模式是由梳电极采用电容方式完成检测。

最近,参考文献[13]报告了一种高性能的音叉陀螺仪,如图 6.2 所示,采用

80

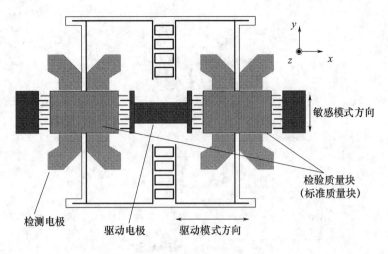

图 6.2　参考文献[13]报道的音叉 MEMS 陀螺仪

SOI 表面微加工工艺技术制作,包括两个检测质量,这两个检测质量能够在平面内沿 x 和 y 轴摆动。驱动模式沿 x 轴方向,通过梳电极进行激励。绕 z 轴方向上的旋转导致驱动模式与沿 y 轴方向的敏感模式间的能量转换。敏感模式的振幅由 4 个感应电极检测,感应面积约为 $2mm^2$。与陀螺仪信号检测有关的 CMOS ASIC 细节见参考文献[14]。在 1mTorr(1Torr = 133.322Pa)真空条件下制作的装置性能为:偏值不稳定性为 0.15°/h($= 4 \times 10^{-5}$°/s),ARW $= 0.003$°/$\sqrt{h}$($= 5 \times 10^{-5}$°/$\sqrt{s}$),分辨率为 1°/h 或 2.8×10^{-4}°/s(假定带宽为 20Hz。)

　　1996 年,出现了基于体硅微加工技术的陀螺仪,极大提升了陀螺领域的发展水平[15]。当时这类传感器需要进行制作后组装,将一个四叶苜蓿结构通过四根丝线与中心金属杆相连(图 6.3)。这个苜蓿叶形结构与金属杆一起黏合在一个带有金属电极的石英基质上。主振动是绕 x 轴的谐振荡,当在 z 轴方向上有旋转角速率时,哥氏力就会诱导 y 轴方向上苜蓿叶形结构的振荡(次级运动)。金属杆则加大驱动模式和敏感模式的耦合。电极能激励绕 x 轴的周期性振动,同时能进一步地敏感出两种谐振模式的振幅。封装后的陀螺仪的体积相当大,大概在厘米级的范围。

　　参考文献[16]报道了一种结构高度对称的的 z 轴 MEMS 角速率传感器,如图 6.4 所示。该传感器包含一个能够在 x 轴和 y 轴平面内振荡的检测质量,以及两个用于驱动模式激励和敏感模式检测的梳状电极,通过在移动条与静止条间施加静电激励,使陀螺仪受驱动沿 x 轴振荡。当传感器绕 z 轴旋转时,将激励 y 轴方向上的振荡。当驱动模式与敏感模式的振荡频率几乎匹配时,传感器的

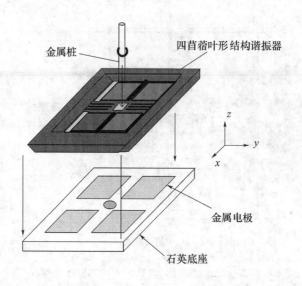

图 6.3   以四苜蓿叶结构振荡器为基础的 MEMS 陀螺仪[15]

灵敏度最高。可通过支撑梁对称式设计的方法使驱动模式和敏感模式的振荡频率相匹配。当然,这种设计策略可能会导致驱动模式与敏感模式间的机械耦合问题。解决办法是在传感器最外沿的 4 个角各安置一个锚杆,并将这些锚杆与可移动的驱动电极和敏感电极连接,这样就能避免驱动电极的振动干扰检测电极。这种传感器的 ARW 约为 $4 \times 10^{-3} {}^\circ/\sqrt{s}$ ($=0.2^\circ/\sqrt{h}$)。最近该研究小组研制出了一种新型 MEMS 陀螺仪,该陀螺仪同样基于上述原理,采用硅/玻璃技术制作,其 ARW 为 $2 \times 10^{-3} {}^\circ/\sqrt{s}$ ($=0.1^\circ/\sqrt{h}$)[17]。

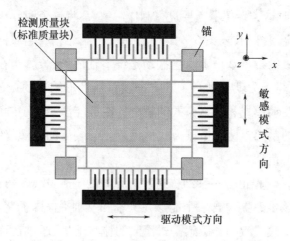

图 6.4   仅包含一个检测质量的 MEMS 陀螺仪[16]

82

图 6.5 给出了一种采用多晶硅表面微加工技术的 MEMS 陀螺仪[18,19]。梳状电极位于陀螺仪的最中心,用于激励陀螺仪的主振动,该主振动沿 x 轴方向,频率为 12kHz。沿 z 轴(与基质方向垂直)的旋转将激励沿 y 轴方向的敏感模式。敏感模式的振幅可由陀螺仪两端的敏感电极电容测量。主振模式的振幅通过自动增益控制方式保持不变。次级振荡由电荷灵敏放大器完成检测。该陀螺仪大小约为 $1mm^2$,其 ARW 为 $1°/\sqrt{s}(=60°/\sqrt{h})$。参考文献[20]介绍了一种类似的 z 轴陀螺仪,该陀螺仪基于一个由 4 个鱼钩形弹簧所支撑的振荡质量,陀螺仪的分辨率为 $0.1°/s(=360°/h)$,带宽为 2Hz。

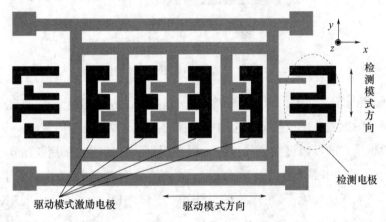

图 6.5　由多晶硅表面微加工技术生产的 MEMS 陀螺仪[18]

大约 10 年前,出现了一种基于谐振敏感的表面微加工 MEMS 陀螺仪[21]。这类陀螺仪由一个检测质量和两个谐振敏感元件构成。检测质量的振动频率约为几万赫,谐振敏感元件的振动频率比检测质量的频率大一个数量级。该种单片式陀螺仪的结构如图 6.6 所示。检测质量与刚性结构相连的挠性支撑。梳状电极激励检测质量块沿 y 轴向振动(驱动模式)。若该芯片绕 z 轴旋转,则敏感质量块所受的哥氏力就会被传递至外框架。该哥氏力先经一杠杆机构放大,再沿轴向被传至两个双头调谐音叉(DETF)谐振器,这两个 DETF 谐振器分别位于外框架的两侧。由哥氏力引起的 DETF 谐振器的音叉的周期性伸缩运动,调制了两个 DETF 谐振器的振荡频率。通过监测这两个谐振器的振荡频率,就能够估计出加载在该陀螺仪的旋转角速率。该陀螺仪的 ARW 约为 $0.3°/\sqrt{s}(=18°/\sqrt{h})$。

近年来,单片表面微加工 MEMS 陀螺仪的性能越来越好,成本也越来越低[22]。这类陀螺仪包含两个独立的机械谐振器,通过差分方式敏感角速率信

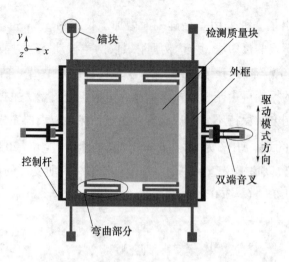

图 6.6　基于谐振敏感的 MEMS 陀螺仪

号,并可隔离与角运动无关的共模外部干扰,谐振器的原理图如图 6.7 所示。梳状电极驱动敏感质量块产生 x 轴向的振动;同时,陀螺仪旋转使内框架沿 y 轴向振动。敏感模式的振幅可由梳状检测电极测得。该装置通过采用 3 μmBiCMOS 技术对 4 μm 厚的多晶硅进行处理制成。系统还包含自检测电极,以确保器件正常工作。在大气压环境下,陀螺仪的分辨率约为 0.015°/s(= 54°/h),ARW 为 0.003°/$\sqrt{s}$(= 0.2°/$\sqrt{h}$),功耗为 30mW,质量为 0.3g,正常工作温度范围为 −55℃ ～ +85℃。以相同的工作原理生产的商用数字输出 MEMS 陀螺仪的性能指标为:ARW = 0.56°/$\sqrt{h}$(= 0.01°/$\sqrt{s}$),零偏稳定性为 0.0016°/s(= 6°/h),分辨率为 0.04°/s(= 144°/h)[23]。在 1000 个陀螺仪的批量情况下,每个陀螺仪

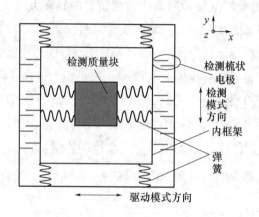

图 6.7　ADI MEMS 陀螺仪的原理示意图

的价格超过了 500 美元。

参考文献[24]介绍了一种基于 SOI 表面微加工技术的高性能 z 轴 MEMS 陀螺仪,有效地分离了陀螺仪的驱动模式和敏感模式。在这类角速率传感器中,外框架被驱动模式的弹簧所悬挂,只能沿 x 轴方向移动,如图 6.8 所示。先采用梳状电极产生振动运动。该主振动由敏感模式的弹簧传递给内质量块。这些弹簧在驱动方向上(x 轴)刚性很强,但是在敏感方向上(y 轴)却极易弯曲。若陀螺仪绕 z 轴旋转,内质量将受到沿 y 轴方向的哥氏力。该哥氏力作用在由内质量和敏感弹簧构成的质量弹簧系统上。通过检测 y 轴方向上的加速度可计算出陀螺仪的角速度,这类陀螺仪的 ARW 约为 $0.041°/\sqrt{h}$($= 7 \times 10^{-4}°/\sqrt{s}$)。

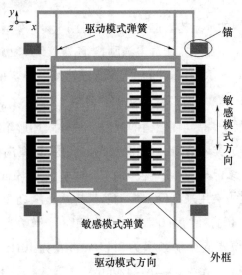

图 6.8　参考文献[24]报道的 z 轴 MEMS 陀螺仪

振动式环形陀螺仪是 z 轴 MEMS 角速率传感器中非常有代表性的一类陀螺仪。多个研究小组均证实该类陀螺仪具有良好的性能,这主要是由于内部谐振器件的高对称性。在这类陀螺仪中,谐振器都有一个直径量级约为几毫米的环结构。由驱动机构激励环的主振动,振动的形式为两个轴在 x 轴和 y 轴两个方向上呈椭圆形。绕环平面法线轴向的任何旋转都能将能量传递到次级振动模式(敏感模式)。次级振动使环在相对 x 轴和 y 轴 45°角的方向上呈椭圆形。通过精确监控次级振动的幅值可以估计陀螺仪角速率。陀螺仪的对称结构使得驱动与敏感的振动频率相同,从而增加了陀螺仪的灵敏度。由陀螺仪的主振动和次级振动形成的椭圆形振动图形如图 6.9 所示。

在 1994 年,微机械振动式环形结构陀螺仪首次被报道[25]。该陀螺仪基于

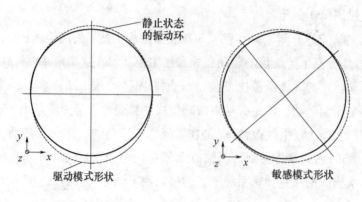

图 6.9　振动式环形 MEMS 陀螺仪的基本结构

在晶片上制成的镀镍的环结构。晶片包含了可用于传感信息检测及主模式激励的标准 CMOS 电路。主振模式由静电激励,当陀螺仪绕 z 轴旋转时,能量从主振模式传递到次级模式。敏感模式的幅值可通过检测电容获得,这类陀螺仪的分辨率为 $0.5°/s(=1800°/h)$,带宽为 10Hz,$ARW=0.16°/\sqrt{s}(=9.6°/\sqrt{h})$。最近,一类基于高纵横比多晶硅环结构的改进型振动式环形陀螺仪由同一个研发小组研制成功[26]。这类环结构,采用深蚀刻硅底层,并在沟槽中采用牺牲 SiO_2 层沉淀法,重新填入多晶硅,其环半径为 1.1mm,宽度为 $4\mu m$,高度为 $80\mu m$。沿着环布置的 16 个电极被用来激励主振动和感应次级振动。环和电极之间留有 $1.4\mu m$ 宽的间隙,采用直径约为 0.12mm 的杆和 8 个弹簧支撑环并固定在硅底层上。驱动和敏感模式的振动频率为 29kHz,带宽为 10Hz,分辨率为 $0.04°/s$ $(=144°/h)$,ARW 为 $0.01°/\sqrt{s}(=0.6°/\sqrt{h})$。

参考文献[27]阐述了一种商用 MEMS 陀螺仪,该陀螺仪采用体硅微加工制作的硅质环结构作为敏感器件,其直径仅为几毫米。采用 DRIE 技术制作的机械谐振器,通过 8 个轮辐与支撑框架相连接。载流导体回路沉积至环结构表面。这些回路以及由永磁体产生的磁场激励驱动模式振动。由于这种振动环式陀螺通常采用磁激励与检测方法,因此不能被进一步的小型化。这类陀螺仪已知的最好性能是:偏值漂移为 $3°/h(=0.0008°/s)$,灵敏度约为 $30°/h(=0.008°/s)$,ARW 为 $0.1°/\sqrt{h}(=0.0015°/\sqrt{s})$。

2002 年,欧洲航天局(European Space Association,ESA)完成了一项研究的市场和可行性分析,其内容是发展一种分辨率范围在 $1°\sim10°/h$,可在空间应用的低成本 MEMS 陀螺仪。对高用环形陀螺仪进行了可靠性试验[28]。

由欧洲航天局启动的欧洲硅基 MEMS 速率传感器(SiREUS)工程于 2005 年

启动,致力于实现空间领域应用的低成本陀螺仪。其性能指标设定为:ARW < $0.2°/\sqrt{h}$,偏差稳定性在 $5° \sim 10°/h$。SiREUS 工程新近报导的陀螺仪性能指标是:偏差稳定性在 $10° \sim 20°/h(0.003° \sim 0.005°/s)$ 范围内,ARW $= 0.04°/\sqrt{h}$($= 7 \times 10^{-4}°/\sqrt{s}$)。

最近又出现了一种基于星形机械谐振器的创新型 z 轴 MEMS 陀螺仪[30]。这类陀螺仪的工作原理与前述的振动式环形陀螺仪相同。由于采用了星形谐振器,驱动电极、检测电极和谐振质量块占用面积相比一般环形谐振器有所增加。这类陀螺仪采用真空结构封装,其 ARW $= 0.09°/\sqrt{h}$($= 0.0015°/\sqrt{s}$),偏差稳定性为 $3.5°/h$($= 10^{-3}°/s$),分辨率为 $25°/h$ 或 $0.07°/s$(带宽为20Hz)。

6.2.2　横轴 MEMS 陀螺仪

第一个音叉横轴 MEMS 陀螺仪是在硅玻璃基质上制造得到的[31],陀螺仪包括两个经由机械支撑相互耦合的检测质量,如图 6.10 所示。陀螺仪的主运动为检测质量沿 x 轴的反相振动。当陀螺仪绕着 y 轴旋转时,检测质量因哥氏力作用产生与基质垂直方向(z 轴)的振动。这种次级振动可用于估计角速率。陀螺仪采用静电方法完成激励,用探测电容的方法完成检测。激励和检测均通过交叉齿形梳状电极实现。在该结构中,驱动模式与敏感模式振动频率之间的匹配至关重要,因此必须要求严格的制造公差。这类陀螺仪的另外一类误差由于系统中非等弹性以及谐振支撑系统的不对称而引起的机械正交误差。正交信号与

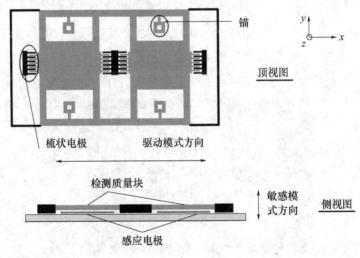

图 6.10　第一种音叉横向轴 MEMS 陀螺仪[31]

87

驱动信号是同相,但与哥氏力相差 $\pi/2$ 相位。陀螺仪的偏值主要由正交误差产生,因此采用静电方法进行误差补偿。陀螺仪的最小检测角速率约为 $1°/s(=3600°/h)$,带宽为 $60Hz$,$ARW=0.2°/\sqrt{s}(=12°/\sqrt{h})$。

参考文献[32]中报道了另一类横轴音叉硅陀螺仪,与上面介绍的陀螺仪十分相似。在这类陀螺仪中,敏感模式幅值的测量不再是检测电容,而是通过 4 个压敏电阻完成测量。

参考文献[33]报道了一种在 1995 年研制成功的表面微加工多晶硅陀螺仪,这种陀螺仪可敏感绕 x 轴及 y 轴向的角速率。在这种陀螺仪中,基质上的 4 个横梁用来支撑由梳状电极激励的多晶硅谐振器。当这些电极通以交流(AC)电时,质量将沿 x 轴方向振荡(驱动模式)。当陀螺绕 y 轴旋转时,由于哥氏力的作用,将在 z 轴方向上产生一个偏转,该偏转值可通过检测质量与检测电极之间的电容变化获取。这类陀螺仪的 $ARW=2°/\sqrt{s}(=120°/\sqrt{h})$。参考文献[34]报道该研发小组随后又研制出另一种横轴 MEMS 陀螺仪,这类陀螺仪可实现敏感模式与驱动模式间的有效去耦。这类传感器采用 SOI 表面微加工技术制作而成,其性能指标是:分辨率为 $0.07°/s(=250°/h)$,带宽为 $10Hz$,ARW 为 $0.02°/\sqrt{s}(=1.2°/\sqrt{h})$。

大约在 5 年前,出现了另外几种仅采用检测质量的横轴陀螺仪,其 ARW 为 $0.01°/\sqrt{s}(=0.6°/\sqrt{h})$[35,36]。

参考文献[37]报道了一种基于环形谐振器的表面微加工横轴陀螺仪。其敏感器有两个互不耦合的可旋转振荡模态,如图 6.11 所示。驱动模式由可绕 z 轴旋转的整个结构构成,通过内轮的轮辐电极产生静电激励。在敏感 x 轴向的旋转时,通过扭转弹簧附着在内轮上的矩形结构,会在 y 轴方向上产生一个次级

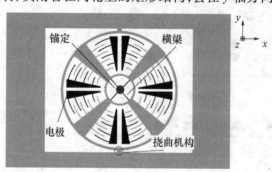

图 6.11　基于环形振动器件的横向轴 MEMS 陀螺仪[37]

旋转振荡(敏感模式)。内轮绕 y 轴的旋转受制于高刚度内部横梁而被抑制。由于这类传感器中的驱动模式和敏感模式在机械上得到了去耦,所以正交误差被大大的降低了。次级模式的振荡运动可通过检基质电极上的检测电容完成检测。这类陀螺仪的分辨率为 $18°/h(=0.005°/s)$。

6.2.3 双轴 MEMS 陀螺仪

双轴 MEMS 陀螺仪能够同时敏感两个轴向的角运动。1997 年,首次报道了这种双轴 MEMS 角速率传感器[38]。如图 6.12(a)所示,陀螺仪基于一个刚性多晶硅转子的角度谐振,该多晶硅转子由 4 个锚定在基质上的扭转弹簧支撑。受梳状电极激励,惯性转子产生与基质垂直方向(z 轴)上的旋转。当陀螺仪绕 x 轴方向旋转时,将引起绕 y 轴方向上的哥氏角振动;同理,当陀螺仪绕 y 轴方向旋转时,将引起绕 x 轴方向上的哥氏角振动。哥氏角振动可通过测量转子与惯性转子下方的 4 个"四分环"电极间的电容变化量获得(图 6.12(b))。可通过每一对电极选用不同的调制频率的方法实现双轴工作。由于每个敏感轴采用独立解调电路,因此会提供两个输出电压,这些输出电压与绕各自轴旋转的角速率成正比。经量测 ARW 为 $0.3°/\sqrt{s}(=18°/\sqrt{h})$,灵敏度在 3% ~16% 范围。

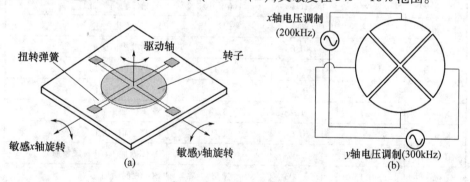

图 6.12 双轴 MEMS 陀螺仪

参考文献[39]报道了一种采用表面微加工工艺技术制作的双轴陀螺仪,其分辨率为 $0.1°/s(=360°/h)$,带宽为 5Hz。

参考文献[40]报道了采用悬浮微加工工艺技术制作的转盘式陀螺仪,该陀螺以转盘转子为基础,采用电磁效应或静电力使其悬浮,因此可实现高速旋转。即便陀螺仪倾斜或反向倒转,静电磁场也会将转盘稳定在基质上方的固定位置上。当传感器旋转时,转盘就会产生与旋转角速率成正比的进动。

6.2.4 MEMS 陀螺仪性能的总结

表6.1对前述介绍的 MEMS 陀螺进行了性能总结,而为了比较不同陀螺仪的性能指标,设所有陀螺的带宽均为 20Hz。表6.2 给出了性能较好的商用 MEMS 陀螺仪性能指标。由两个表格中的数据可知,MEMS 陀螺仪的性能指标仍不能符合惯性导航、GPS 系统增强以及卫星姿态和轨道控制等潜在应用的需求。

表 6.1　MEMS 陀螺仪的性能指标

文献作者	偏值不稳定性/((°)/h)	ARW /((°)/$\sqrt{h}$)	带宽为 20Hz 时的分辨率/((°)/h)	制造工艺
Greiff[9]	–	240	6.4×10^4	整体微加工
Bernstein[31]	–	12	3.2×10^3	整体微加工工艺技术(硅玻璃材质)
Putty[25]	–	10	2.7×10^4	电铸镍技术
Tanaka[33]	–	120	3.2×10^4	多晶硅表面微加工
Tang[15]	29	1.5	400	整体微加工工艺技术
Clark[18]	–	60	1.6×10^4	多晶硅表面微加工
Mochida[34]	–	1.2	320	SOI 表面微加工
Ayazi[26]	–	0.6	160	多晶硅表面微加工
Geen[22]	–	0.2	50	多晶硅表面微加工
Geiger[24]	–	0.04	2.4	SOI 表面微加工
Xie[35]	31	1.2	320	整体微加工
Kim[36]	–	0.6	160	SOI 表面微加工
Alper[17]	14.3	0.12	32	整体微加工(硅玻璃材质)
Zaman[13]	0.15	0.003	0.8	SOI 表面微加工
Zaman[30]	3.5	0.09	24	SOI 表面微加工

表 6.2　商业用 MEMS 陀螺仪的性能指标

陀螺仪名称	偏值不稳定性/((°)/h)	ARW/ ((°)/$\sqrt{h}$)	带宽为 20Hz 时的分辨率	制造材料
HG1900(Honeywell)	7	0.09	24	硅
ADIS16130(Analog Devices)	6	0.56	150	硅
CRS09(Silicon Sensing)	3	0.1	27	硅
QRS116(Sytron Donner)	3	0.12	32	石英

90

6.2.5 已知问题及设计标准

振动陀螺仪在开环和闭环工作方式下都能正常测量角速度。当旋转角速率变化时,敏感模式的幅值不会立即发生变化,而是需要经过一段时间才能达到稳定状态。若陀螺仪的敏感谐振模式与驱动谐振模式相匹配,则响应时间将限制传感器带宽在几赫之内。在开环工作模式下,陀螺仪的带宽可通过增大敏感模式与驱动模式谐振频率的差值而增大,但同时也会导致陀螺仪的灵敏度降低。在闭环工作模式下,敏感模式的幅值会被连续的监控并被置零,这意味着在闭环工作模式下的陀螺仪,其带宽和动态范围比在相应的开环工作模式下更大,比谐振模式相匹配的开环工作模态大。在闭环工作模式下,陀螺仪的带宽会被限制在检测器和控制电路的范围内,但该值可通过增大陀螺仪结构的共振频率而增大。

对于 x 轴方向上受驱动的 z 轴陀螺仪而言,由哥氏加速度 a_y 产生的振动幅值可表示为

$$a_y = - \frac{2a_x \omega_x}{\sqrt{(\omega_x^2 - \omega_y^2)^2 + \omega_x^2 \omega_y^2 / Q_y^2}} \Omega = - \frac{2a_x \sqrt{mk_x}}{\sqrt{(k_x - k_y)^2 + \frac{k_x D_y^2}{m}}} \Omega \quad (6.1)$$

陀螺仪的分辨率依赖于不同的参数。在开环工作模式下,如果陀螺仪的敏感模式与驱动模式相匹配,提高陀螺仪的分辨率可通过如下方法:减小检测电路的量测噪声,增加由哥氏力引起的器件电容变化量,降低系统的谐振频率,增加机械品质因数,减小寄生电容。甚至减小系统结构的谐振频率也可以提高陀螺仪的灵敏度,但系统结构谐振频率的值必须大于环境噪声(>2kHz)。通过增加驱动模式的振动幅值可以增大哥氏力。如果检测质量在真空的环境下振动,陀螺仪就可获得更高的品质因数。通过减小能量损耗或者将谐振结构置于真空环境下均可明显提高系统的品质因数。这就需要采用高密封及鲁棒性好的真空包装技术,使硅或玻璃晶片键合到传感器基板上。

此外,如果陀螺仪驱动模态与敏感模式的振动频率相匹配,则驱动模式与敏感模式之间的相互耦合作用就会增强,进而陀螺仪的分辨率也提高了。由于受工作温度范围及其他环境因素的限制,在实际情况下很难实现陀螺仪驱动模式与敏感模式振动频率的完全匹配。

对于振动陀螺仪而言,一个极为重要的性能指标就是偏值不稳定性。由于振动机械结构的几何不完善性,即使在旋转角速率为零的情况下,控制驱动模式

与敏感模式的电机以及对结构进行非对称阻尼的电极会产生非零的输出信号，这种被称为正交误差的幅值通常比由哥氏力所产生的误差幅值大个数量级，当然，在陀螺仪旋转时也会产生止交误差。抑制偏值不稳定性可采用电或者机械的方法使驱动电模式和检测模式去耦合，并通过减小制作过程误差实现。此外，选用内部阻尼系数较小的高性能材料也能减小偏值不稳定性。

高性能陀螺仪应在宽动态范围内具有较稳定的标度因数，以及对温度变化的不敏感性。为了获得较好的性能，在选择陀螺仪制造材料时需格外慎重。同一结构中采用多种材料，会使标度因数随温度变化而变化。采用全硅材料的MEMS陀螺仪可获得最佳性能。

6.3　微光机电系统陀螺仪

最近几年，为提高微惯性传感器精度用于惯性导航，开始大力发展微光机电系统（MOEMS）传感器。但由于较小的尺寸不可避免地限制了传感器的标度因数，因此很难设计出高性能的 MOEMS 陀螺仪。

参考文献[41]报道了在 2000 年时提出的一种干涉型 MOEMS 陀螺仪，如图6.13 所示。此类陀螺仪的基本原理是将干涉式光纤陀螺仪和 MEMS 技术进行组合。多个微机械镜被安置在陀螺仪的硅基质上，用以构建一种螺旋形路径，在路径上放置一个激光器，导引外来光传播至模的中心，在模中心可检测到干涉图样。相比较标准萨格奈克干涉仪，用特定的方式布置反射镜能增加设备内光传播路径的长度。由于激光是在空间中自由传播，且光束只在螺旋形路径的拐角处才被反射，因此，可实现较低的功率损耗。

这种 MOEMS 陀螺仪的分辨率受探测器的散粒噪声限制。其最小可测角速率约为 0.7°/s（ =2500°/h）。

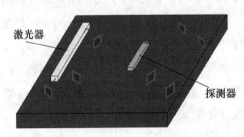

图 6.13　参考文献[41]报道的 MOEMS 陀螺仪结构图

2001 年,报道了一种混合型 MOEMS 陀螺仪[42],由一个 MEMS 谐振器和一个光学检测系统组成。MEMS 谐振器能够检测惯性哥氏力,光学检测系统基于一个可用作注入干涉仪的激光器二极管。激光束照射谐振结构,后者反射使其回到激光源,从而实现了激光源的幅值调制。据估计,这种陀螺仪的分辨率可能达到几(°)/h 的量级。

参 考 文 献

1. Gad-el-Hak, M. (ed.): The MEMS Handbook. CRC Press, Boca Raton (2002)
2. Osiander, R., Darrin M.A.G., Champion, J.L. (eds.): MEMS and Microstructures in Aerospace Applications, CRC Press, Boca Raton (2006)
3. Beeby, S., Ensell, G., Kraft, M., White, N.: MEMS Mechanical Sensors. Artech House, Norwood (2004)
4. Acar, C., Shkel, A.S.: MEMS Vibratory Gyroscopes: Structural Approaches to Improve Robustness. Springer, New York (2008)
5. Lawrence, A.: Modern Inertial Technology: Navigation, Guidance, and Control, Chap. 10. Springer, Berlin (1998)
6. Datasheet of QRS11 Micromachined Angular Rate Sensor by Systron Donner Inertial
7. Geen, J.A.: Progress in integrated gyroscopes. IEEE A&E Systems Magazine, November 2004
8. Motamedi, M.E. (ed.): MOEMS—Micro-Opto-Electro-Mechanical-Systems. SPIE Press, Bellingham (2005)
9. Greiff, P., Boxenhorn, B., King, T., Niles, L.: Silicon monolithic micromechanical gyroscope. In: Proceedings of IEEE International Conference on Solid State Sensors and Actuators, pp. 966–968 (1991)
10. Hanse, J.G.: Honeywell MEMS Inertial Technology & Product Status. In: Proceedings of IEEE PLANS 2004, pp. 43–48 (2004)
11. Lyman, J.: Angular Velocity Responsive Apparatus. US Patent # 2,513,340 (1950)
12. Lutz, M., Golderer, W., Gerstenmeier, J., Marek, J., Maihofer, B., Mahler, S., Münzel, H., Bischof, U.: A precision yaw rate sensor in silicon micromachining. In: Proceedings of International Conference on Solid State Sensors and Actuators, Chicago, USA, pp. 847–850, 16–19 June 1997
13. Zaman, M.F., Sharma, A., Hao, Z., Ayazi, F.: A mode-matched silicon-yaw tuning-fork gyroscope with subdegree-per-hour allan deviation bias instability. IEEE J. Microelectromech. Syst. 17, 1526–1536 (2008)
14. Sharma, A., Zaman, M.F., Ayazi, F.: A Sub-0.2°/hr bias drift micromechanical silicon gyroscope with sutomatic CMOS mode-matching. IEEE J. Solid State Circuits 44, 1593–1608 (2009)
15. Tang, T.K., Gutierrez, R.C., Stell, C.B., Vorperian, V., Arakaki, G.A., Rice, J.T., Li, W.J., Chakraborty, I., Shcheglov, K., Wilcox, J.Z., Kaiser, W.J.: A packaged silicon MEMS vibratory gyroscope for microspacecraft. In: Proceedings of the Tenth IEEE International Conference on Micro Electro Mechanical Systems (MEMS '97), Nagoya, Japan, pp. 500–505, 26–30 January 1997
16. Alper, S.E., Akin, T.: A single-crystal silicon symmetrical and decoupled MEMS gyroscope on an insulating substrate. IEEE J. Microelectromech. Syst. 14, 707–714 (2005)
17. Alper, S.E., Temiz, Y., Akin, T.: A compact angular rate sensor system using a fully decoupled silicon-on-glass MEMS gyroscope. IEEE J. Microelectromech. Syst. 17, 1418–

1429 (2008)

18. Clark, W.A., Howe, R.T., Horowitz, R.: Surface micromachined Z-axis vibratory rate gyroscope. In: Technical Digest. Solid-State Sensor and Actuator Workshop, Hilton Head Island, USA, pp. 283–287, 3–6 June 1996
19. Clark, W.A.: Micromachined z-axis vibratory rate gyroscope. US Patent # 5,992,233 (1999)
20. Park, K.Y., Lee, C.W., Oh, Y.S., Cho, Y.H.: Laterally oscillated and force-balanced micro vibratory rate gyroscope supported by fish hook shape springs. In: Proceedings of IEEE Micro Electro Mechanical Systems Workshop (MEMS '97), Nagoya, Japan, pp. 494–499, 26–30 January 1997
21. Seshia, A.A.: Integrated micromechanical resonant sensors for inertial measurement systems. PhD dissertation, University of California, Berkley, California, USA (2002)
22. Geen, J.A., Sherman, S.J., Chang, J.F., Lewis, S.R.: Single-chip surface micromachined integrated gyroscope with 50°/h Allan deviation. IEEE J. Solid State Circuits 37, 1860–1866 (2002)
23. Datasheet of ADIS16130 Digital Output. High Precision Angular Rate Sensor by Analog Devices
24. Geiger, W., Butt, W.U., Gaiber, A., Frech, J., Braxmaier, M., Link, T., Kohne, A., Nommensen, P., Sandmaier, H., Lang, W., Sandmaier, H.: Decoupled microgyros and design principle DAVED. Sensors Actuators A 95, 239–249 (2002)
25. Putty, M.W., Najafi, K.: A micromachined vibrating ring gyroscope. In: Proceedings of the Digest, Solid-State Sensors and Actuators Workshop, Hilton Head Island, USA, pp. 213–220, 13–16 June 1994
26. Ayazi, F., Najafi, K.: A HARPSS polysilicon vibrating ring gyroscope. IEEE J. Microelectromech. Syst. 10, 169–179 (2001)
27. Datasheet of CRS09 Angular Rate Sensor by Silicon Sensing
28. Barthe, S., Pressecq, F., Marchand, L.: MEMS for space applications: a reliability study. In: 4th Round Table on Micro/Nano Technologies for Space, Noordwijk, The Netherlands, 20–22 May 2003
29. Durrant, D., Dussy, S., Shackleton, B., Malvern, A.: MEMS rate sensors in space becomes a reality. In: AIAA Guidance, Navigation and Control Conference and Exhibit, Honolulu, Hawaii, USA, 18–22 August 2007
30. Zaman, M.F., Sharma, A., Ayazi, F.: The resonating star gyroscope: a novel multiple-shell silicon gyroscope with sub-5 deg/hr Allan deviation bias instability. IEEE Sensors J. 9, 616–624 (2009)
31. Bernstein, J., Cho, S., King, A.T., Kourepenis, A., Maciel, P., Weinberg, M.: A micromachined comb-drive tuning fork rate gyroscope. In: Proceedings of the IEEE Micro Electro Mechanical Systems Workshop (MEMS '93), Fort. Lauderdale, FL, USA, pp. 143–148, 7–10 February 1993
32. Paoletti, F., Grétillat, M.-A., de Rooij, N.F.: A silicon micromachined vibratory gyroscope with piezoresistive detection and electromagnetic excitation. In: Proceedings of IEEE Micro Electro Mechanical Systems Workshop (MEMS '96), San Diego, USA, pp. 162–167, 11–15 February 1996
33. Tanaka, K., Mochida, Y., Sugimoto, M., Moriya, K., Hasegawa, T., Atsuchi, K., Ohwada, K.: A micromachined vibrating gyroscope. Sensors Actuators A 50, 111–115 (1995)
34. Mochida, Y., Tamura, M., Ohwada, K.: A micromachined vibrating rate gyroscope with independent beams for the drive and detection modes. In: Proceedings of the IEEE International Conference on Micro-Electro-Mechanical-Systems (MEMS'99), Orlando, USA, pp. 618–623, 16–21 January 1999
35. Xie, H., Fedder, G.K.: Fabrication, characterization, and analysis of a DRIE CMOS-MEMS gyroscope. IEEE Sensors J. 3, 622–631 (2003)
36. Kim, J., Park, S., Kwak, D., Ko, H., Cho, D.D.: An X-axis single-crystalline silicon microgyroscope fabricated by the extended SBM process. IEEE J. Microelectromech. Syst. 14, 444–455 (2005)
37. Geiger, W., Merz, J., Fischer, T., Folkmer, B., Sandmaier, H., Lang, W.: The silicon angular rate sensor system DAVED. Sensors Actuators A 84, 280–284 (2000)

94

38. Juneau, T., Pisano, A.P., Smith, J.H.: Dual axis operation of a micromachined rate gyroscope. In: Proceedings of the IEEE 1997 International Conference on Solid State Sensors and Actuators (Tranducers '97), Chicago, USA, pp. 883–886, 16–19 June 1997

39. An, S., Oh, Y.S., Lee, B.L., Park, K.Y., Kang, S.J., Choi, S.O., Go, Y.I., Song, C.M.: Dual-axis micro-gyroscope with closed-loop detection. In: Proceedings of the 11th IEEE Micro Electro Mechanical Systems Workshop (MEMS '98), Heidelberg, Germany, pp. 328–333, 25–29 January 1998

40. Damrongsak, B., Kraft, M.: A micromachined electrostatically suspended gyroscope with digital force feedback. In: Proceedings of the IEEE Sensors, Irvine, pp. 401–404, 31 October–3 November 2005

41. Stringer, J.: The air AFIT MEMS interferometric gyroscope (MiG). PhD dissertation, Air Force Institute of Technology, Wright-Patterson Air Force Base, OH, USA (2000)

42. Norgia, M., Donati, S.: Hybrid opto-mechanical gyroscope with injection-interferometer readout. Electron Lett 37, 756–758 (2001)

第7章　新兴陀螺仪技术

7.1　商用陀螺仪性能

如今,商用角速率传感器包括氦—氖环形激光陀螺仪、干涉式光纤陀螺仪、半球谐振陀螺仪、转子陀螺仪(SMGs)和 MEMS 陀螺仪。其中,氦—氖环形激光陀螺仪广泛应用于航空工业,在高性能陀螺仪市场中占据重要地位。而 MEMS 陀螺仪主要应用于不需要太高性能的低成本领域。光纤陀螺仪精度性能覆盖范围宽,在空间领域如 NASA,ESA 和日本航空局设计的飞行器姿态轨道控制及漫游者运载体导航中具有广泛应用。为了适应未来的空间任务需要,欧洲航天局已资助研制中等精度的半球谐振陀螺仪。近几年,用于航空工业的 MEMS 陀螺仪得到大力发展,但目前的性能并不能满足空间导航应用的广泛需求。因此,空间应用的 MEMS 陀螺仪仍存在许多关键技术有待克服。

图 7.1 总结了各种商用陀螺仪的主要性能。

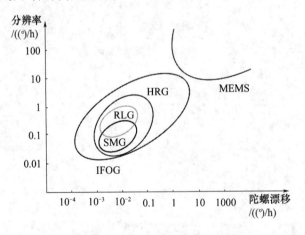

图 7.1　商用陀螺仪的性能指标

集成微光学技术是一项非常重要的技术平台。在过去的几十年里,它相比其他的技术具有诸多优势,促进了新一代电信网络访问和传输技术的发展。在未来的几十年里,集成光学在陀螺仪技术中也将起到至关重要的作用。集成微光学技术可促进新一代角速率传感器的中期发展,使其精度更高,体积更小,可靠性更高,抗干扰能力更强。基于磷化铟的光学集成电路技术可使完全集成陀螺仪的制造技术成为可能,使这类集成陀螺仪在中等精度陀螺仪市场上,与高质量的 MEMS 角速率传感器不相上下。

集成光学陀螺仪有望近期在性能上得到提升,分辨率在 $1° \sim 10°/h$ 的范围,偏差漂移小于 $0.5°/h$。

7.2 新概念陀螺仪

在过去的几十年里,许多创新性的技术在陀螺应用领域得到了理论和实验的探索。通常情况下,这些技术都很复杂,而且代价昂贵,所以只将它们应用于特定的科学领域,如大地测量学和广义相对论中。本节将对几个角速率测量中最有发展前景的新兴陀螺仪技术进行简要的介绍和阐述。

7.2.1 核磁共振陀螺仪

一些同位素的原子核具有非零的总自旋角动量和一个与角动量平行的磁矩。如果这些原子核存在于一个与该磁矩不平行的外部磁场中,则自转轴就会绕外磁场 B_0 方向产生进动[1],该进动就是拉莫尔进动,其特征频率计算公式为

$$\omega_{NMR} = \gamma_g B_0 \qquad (7.1)$$

式中:γ_g 是回旋磁比,即转动力矩和磁矩之间的比率,取决于特定的同位素;频率 ω_{NMR} 是核磁共振(NMR)频率,该频率可以通过很多技术来测量,光学方法就是其中之一。

单核磁矩的幅值特别小,在热平衡的条件下,可在原子系统中建立一随机磁矩方向。可用不同的技术确定一组原子中沿特定方向上主要核磁矩的方向。在这样的情况下,可观测拉莫尔进动,测量出 NmR 频率。

NMR 频率可敏感转动,因此 NMR 陀螺仪的原理就是测量由转动引起的 NMR 频移[2]。由于 NMR 频率取决于所用磁场,所以在 NMR 陀螺仪中至少采用两种具备不同 γ_g 的旋转运动来抵消 NMR 频率对应用磁场的依赖。

20 世纪 70 年代末,基于两种不同的同位素对($^{129}Xe/^{83}Kr$ 和 $^{199}Hg/^{201}Hg$)的 NMR 陀螺仪获得专利授权[3,4]。参考文献[3]描述了陀螺仪的基本结构,如图 7.2 所示。该传感器敏感绕 z 轴的旋转,它的主要器件是 NMR 核,包括铷蒸气、^{129}Xe 和 ^{83}Kr、光源、光电检测器、一组磁屏蔽装置和一组磁场线圈。磁屏蔽装

置是用来防止外界的磁场对磁场线圈产生磁场扰动,这些线圈产生一个沿z轴的直流磁场及两个沿x轴和y轴的交流磁场。

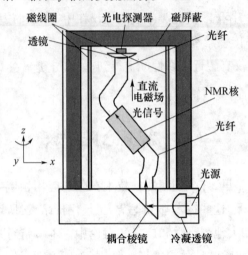

图7.2　核磁共振(NMR)陀螺仪的结构

NMR 单元采用圆偏振光信号,该信号中沿z轴的分量,使铷原子核磁沿直流磁场形成阵列。根据旋转交换过程,铷原子核磁矩被传递给^{129}Xe 原子和^{83}Kr 原子[5]。当沿着两个方向上的交流磁场与直流磁场正交时,^{129}Xe 和^{83}Kr 旋转轴的拉莫尔进动就会产生。根据参考文献[6]中的技术,采用圆偏振光信号的x轴分量,便可描述拉莫尔进动。

近来,一种 K – ^{3}He 陀螺仪已得到实验验证[7],该陀螺仪采用拉莫尔进动的光学激励,同时具有光学检测仪来观测转动引起的 NMR 频移。这类陀螺仪分辨率的范围在 0.01°~0.1°/h 之间,与氦—氖环形激光陀螺仪和干涉式光纤陀螺仪的分辨率大致相同。

由于 NMR 陀螺仪是一种复杂且昂贵的设备,同时其小型化很难实现,因此现阶段,在高精度陀螺仪市场中,这类陀螺仪仍不能与其他陀螺仪相抗衡。

7.2.2　原子干涉陀螺仪

萨格纳克效应不仅适用于对光子,而且适用于其他大质量粒子,如原子、中子和电子。参考文献[8]介绍了一种新型陀螺仪,这类陀螺仪采用铯原子波包技术,其工作原理与相敏光学陀螺仪的工作原理类似。

在旋转干涉仪中,两个反向传播原子束之间的相移 $\Delta\varphi_a$ 的计算公式为

$$\Delta\varphi_a = 2\frac{m}{\hbar}(\boldsymbol{\Omega} \cdot \boldsymbol{A}) \tag{7.2}$$

其中：$\hbar$是简化的普朗克常量；m 是粒子质量；Ω 是干涉仪的角速率；A 是粒子束反向传播路径面积。通过比较具有相同面积的原子干涉仪和光学干涉仪,可知原子干涉仪中由旋转产生的相移比光学干涉仪中由旋转引起的相移大很多。该结论可以解释基于相反传播原子束陀螺仪中的研究意义。

在参考文献[8]提出的陀螺仪中,两束铯原子的激光制冷粒子束在正方形干涉仪中进行传播,干涉仪中的粒子束被喇曼跃迁激发的双光子进行分束、转向和重组。

这类陀螺仪分辨率的范围为 $0.001° \sim 0.01°$/h,其性能优于干涉式光纤陀螺仪和氦—氖环形激光陀螺仪。

最近,参考文献[9]报道了以相同的工作原理制作的冷原子转动传感器中,预测这类陀螺仪的分辨率将小于 $10^{-3}°$/h。

基于原子干涉仪的陀螺仪非常复杂,造价昂贵。因此,它仅局限于特定的应用领域,如广义相对论效应的实验证明或需要一些突出性能的工作场合。

7.2.3 超流体陀螺仪

超流体是指不具备任何粘滞度的液体,^{4}He 在低于 2.17K 的温度下以超流体的形式存在,这是超流体的一个典型实例。

超流体陀螺仪由一个环面组成,该环面被一个具有开孔的内壁分隔开,开孔的有效宽度为 l(图 7.3)。该环面被超流体填满,当其旋转时,通过开孔产生逆流。流过开孔的超流体速度的计算公式为

$$v_{ap} = -2 \frac{\Omega \cdot A_t}{l} \tag{7.3}$$

式中：A_t是超流体环面旋转的面积；Ω 是环面旋转角速率。通过监测开孔超流体的速度就能估计出环面运动的角速率。

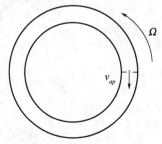

图 7.3 超流体陀螺仪的一般结构图

参考文献[10]介绍了一个面积为$95\,cm^2$的多圈超流体陀螺仪。这类陀螺仪将$0.28K$温度下流动的^4He作为其超流体。实验显示这类陀螺仪的灵敏度约为$1°/h$,该陀螺仪最主要优点是其具有长时间的稳定性。

参 考 文 献

1. Canet, D.: Nuclear Magnetic Resonance: Concepts and Methods. Wiley Interscience, Chichester (1996)
2. Woodman, K.F., Franks, P.W., Richards, M.D.: The nuclear magnetic resonance gyroscope—a review. J. Navig. **40**, 366–384 (1987)
3. Grover, B.C., Kanegsberg, E., Mark, J.G., Meyer, R.L.: Nuclear magnetic resonance gyro. US Patent 4,157,497, 1979
4. Greenwood, J.A.: Nuclear gyroscope with unequal fields. US Patent 4,147,974, 1979
5. Bouchiat, M.A., Carver, T.R., Varnum, C.M.: Nuclear polarization in He^3 gas induced by optical pumping and dipolar exchange. Phys. Rev. Lett. **5**, 373–375 (1960)
6. Cohen-Tannoudji, C., Dupont-Roc, J., Haroche, S., Lalöe, F.: Diverses résonances de croisement de niveaux sur des atomes pompés optiquement en champ nul. Rev. Phys. Appl. **5**, 95–101 (1970)
7. Kornack, T.W., Ghosh, R.K., Romalis, M.V.: Nuclear spin gyroscope based on an atomic comagnetometer. Phys. Rev. Lett. **95**, 230801 (2005)
8. Gustavson, T.L., Landragin, A., Kasevich, M.A.: Rotation sensing with a dual atom-interferometer Sagnac gyroscope. Class. Quantum Grav. **17**, 2385–2398 (2000)
9. Müller, T., Gilowski, M., Zaiser, M., Berg, P., Schubert, Ch., Wendrich, T., Ertmer, W., Rasel, E.M.: A compact dual atom interferometer gyroscope based on laser-cooled rubidium. Eur. Phys. J. D **53**, 273–281 (2009)
10. Bruckner, N., Packard, R.: Large area multiturn superfluid phase slip gyroscope. J. Appl. Phys. **93**, 1798–1805 (2003)

索　引

A

AC

    electric signal　　　　　　　　　　电信号

    magnetic field　　　　　　　　　　磁场

Acceleration　　　　　　　　　　　　加速度

Accuracy　　　　　　　　　　　　　　精度

Acousto – optic modulator(AOM)　　声光调制器

Active cavity　　　　　　　　　　　　有源腔

Active optical angular rate sensor　　有源光学角速率传感器

Active Optical gyro　　　　　　　　　有源光学陀螺

Actuation　　　　　　　　　　　　　激励

Aeronautic industry　　　　　　　　航空工业

Aerospace industry　　　　　　　　　航天工业

Aerospace system　　　　　　　　　航天系统

Aircraft　　　　　　　　　　　　　　飞行器,飞机

AlGaAs　　　　　　　　　　　　　　砷化铝镓

Algebraic difference　　　　　　　　代数差

Algebraic system　　　　　　　　　　代数系,代数系统

Allan variance　　　　　　　　　　　阿伦方差

Allan standard deviation　　　　　　阿伦标准差

All – silicon devices　　　　　　　　全硅装置

Alternating bias　　　　　　　　　　交变偏值

Analog signal　　　　　　　　　　　模拟信号

Analog – to – digital converter(ADC)　模数转换器

Anchor　　　　　　　　　　　　　　锚,锚杆

Angle random walk　　　　　　　　　角度随机游走

Angular frequency	角频率
Angular momentum	角动量
Angular motion	角运动
Angular rate	角速率
Angular velocity	角速度
Antilock braking systems	防抱死刹车系统
Anti – phase vibration	反相振动
Anti – skidding systems	防滑系统
Apparatus	装置
Application – specific integrated circuit(ASIC)	专用集成电路
Atom interferometer	原子干涉仪
Atomic beam	原子束
Attenuation	衰减
Attenuation coefficient	衰减系数
Attitude and Orbit Control Systems(AOCS)	姿态轨道控制系统
Autocorrelation	自相关
Automatic gain control	自动增益控制
Automotive	自动的
Autonomous navigation	自主导航

B

Bach processing	巴赫处理
Back – reflection	背向反射
Backscattering	背散射,反向散射
Backscattering coefficient	背散射系数
Balance configuration	平衡配置,平衡组态
Bandgap	带隙
Beam	束,梁
Beam splitter	分束器
Beat signal	差拍信号,拍频信号
Beat frequency	拍频
Bessel function	贝塞尔函数
Bias	偏值

Bias drift	偏值漂移
Bias instability	偏值不稳定性
Bias stability	偏值稳定性
Bias term	偏值项
Bias value	偏值
Binary phase shift keying(BPSK)	二进制移相键控
Bonding	键合
Bragg gratings	布拉格光栅
Bragg layers	布拉格层
Bragg micro – laser	布拉格微型激光器
Brillouin fiber optic gyro	布里渊型光纤陀螺仪
Broadband light source	宽带光源
Brownian motion	布朗运动
Bulk micromachining	体微机械加工
Bulk optics	体光学

C

Caesium atoms	铯原子
Carrier depletion	载流子消耗
Cartesian reference system	笛卡儿参考系统
Cavity	腔
Central frequency	中心频率
Characteristic frequency	特征频率
Chip	芯片
Circular loop	环形回路
Circular path	环形通道
Circular ring resonator	环形谐振腔
Cladding layer	熔覆层
Clockwise(CW) beam	顺时针方向光束
Clockwise excitation direction	顺时针激励方向
Clockwise laser beam	顺时针方向激光光束
Clockwise propagation direction	顺时针传播方向
Clockwise resonant modes	顺时针谐振模式

Clockwise signal	顺时针信号
Clockwise wave	顺时针波束
Closed – loo PFOG configuration	闭环光纤陀螺仪构造
Clover – leaf structure	三叶式结构
CMOS	互补金属氧化物半导体
CO_2 ring laser gyroscope	二氧化碳环形激光陀螺仪
Cold atom rotation sensor	冷原子旋转传感器
Comb electrode	梳状电极
Configuration	配置
Consumer electronics	消费电子产品
Control electronics	控制电路
Control loop	控制回路
Control moment gyroscope	控制力矩陀螺仪
Control system	控制系统
Co – propagating modes	相向传播模式
Coriolis acceleration	哥氏加速度
Coriolis effect	哥氏效应
Coriolis force	哥氏力
Coriolis oscillation	哥氏振荡
Coriolis signal	哥氏信号
Correction	校正
Cost reduction	成本降低
Counter – clockwise(CCW) beam	逆时针方向光束
Counter – clockwise excitation direction	逆时针激励方向
Counter – clockwise laser beam	逆时针方向激光光束
Counter – clockwise propagation direction	逆时针传播方向
Counter – clockwise resonant modes	逆时针谐振模式
Counter – clockwise signal	逆时针信号
Counter – clockwise wave	逆时针波
Counter – propagating beams	反向传播光束
Counter – propagating modes	反向传播模式
Counter – propagating signals	反向传播信号
Counter – propagating waves	反向传播波
Coupled – resonator optical waveguide(CROW)	耦合谐振光波导

104

Coupler	耦合器
Coupling	耦合
Current	电流
Curved coupler	弯曲耦合器

D

DC magnetic field	直流磁场
DC signal	直流信号
DC spectral component	直流频谱分量
Dead band	死区
Dee Preactive ion etching(DRIE)	深反应离子刻蚀
Defense industry	国防工业
Detector array	探测器阵列
Differential equation	微分方程
Differential Laser Gyro	差动激光陀螺仪
Digital camera	数码相机
Digital serrodyne	数字式线性调频转发器
Digital – to – analog converter(DAC)	数模转换器
Directional coupler	定向耦合器
Discharge tube	放电管
Distributed feedback laser	分布反馈激光器
Dithering	抖动
Doped fiber	掺铒光纤
Dose	剂量
Double – ended tuning fork(DETF)	两头调谐音叉
Double quantum well (DQW)	双量子阱
Drive electrode	驱动电极
Drive mode	驱动模式
Driving circuit	驱动电路
Droo port	下载端口
Dry etching	干法刻蚀
Dual – Axis MEMS Gyro	双轴微机械陀螺仪
Dynamic lock – in	动态闭锁

Dynamic range	动态量程
Dynamically tuned Gyroscope	动力调谐陀螺仪

E

Earth observation	地球观测
Earth sensor	地球传感器
E – beam lithography	电子束光刻
Electrical signal	电信号
Electrically pumped integrated ring laser	电泵浦集成环形激光器
Electrically pumped semiconductor ring laser	电泵浦半导体环形激光器
Electrode	电极
Electrode positon	电极位置
Electronic noise	电子噪声
Electro – optic modulator	电光调制器
Electro – optic phase shifter	电光移相器
Electroplating	电镀
Electrostatic actuation	静电驱动
Electrostatic excitation	静电激励
Electrostatic force	静电力
Energy level	能级
Erbium – doped fiber	掺铒光纤
Erbium – doped lithium niobate	掺铒铌酸锂
Ergodic stochastic process	遍历随机过程
Error source	误差源
Etching	蚀刻
Excited mode	受激模式(状态)
External disturbance	外部干扰

F

Fabry – Perot laser	法布里—佩罗特激光仪
Faraday cell	法拉第盆
Faraday effect	法拉第效应
Feedback loop	反馈回路

106

Feedback phase shift	反馈相移
Fiber Bragg grating	光纤布拉格光栅
Fiber coil	光纤线圈
Fiber coupler	光纤耦合器
Fiber end	光纤端
Fiber laser	光纤激光器
Fiber Optic Gyroscope (FOG)	光纤陀螺仪
Fiber resonator	光纤谐振器
Fiber ring laser	光纤环式激光器
Finesse	精细度
Fishhook – shaped springs	鱼钩型弹簧
Flame h·rolisis deposition	火焰水解沉积
Fourier transform	傅里叶变换
Free carrier absorption (FCA)	自由载流子吸收
Free space impedance	自由空间阻抗
Free space optical resonator	自由空间光学谐振器
Frequency band	频带
Frequency deviation	频率偏移
Frequency diagram	频度图
Frequency difference	频(率)差
Frequency modulation	调频
Frequency modulation – spectroscopy	频率调节光谱技术
Frequency resolution	频率分解
Frequency response	频率响应
Frequency sensitive	频率敏感
Frequency shift	频移
Frequency splitting	频率分割
Fresnel – Fizeau drag coefficient Fresnel – Fizeau	菲涅耳—斐索牵引系数
Fringe pattern	干涉条纹
Full – wave half – maximum	(FWHM)全波半峰
Full – range	满量程

G

Gain medium	增益介质

Gain medium dispersion	增益媒介离散度
Gallium arsenide (GaAs)	砷化镓
Gaming consoles	博奕控制器
Gas flow	气流
Gas mixture	气体混合物
Gimbal	框架
Glass	玻璃
Global Position System (GPS)	全球定位系统
Grou Pindex	群折射率
Grou Pvelocity	群速度,群速
Guiding defect	导引缺陷
Guiding layer	导引层
Guiding structure	导引结构
Gyroscope	陀螺仪

H

Heater	加热器
Helium (He) atoms	氦原子
Helium energy levels	氦能级
Hemispherical Resonator Gyroscope (HRG)	半球谐振陀螺仪
He – Ne gain medium	氦—氖增益媒介
He – Ne mixing ratio	氦—氖混合比
He – Ne mixture	氦—氖混合物
He – Ne ring laser gyro (RLG)	氦—氖环形激光陀螺仪
Heterostructure	异质结构

I

Index contrast	折射率差
Indium phosphide (InP)	磷化铟
Inertial measurement unit (IMU)	惯性测量装置
Inertial navigation	惯性导航
Inertial navigation system	惯性导航系统
Inertial sensor	惯性传感器

Inertial space	惯性空间
Inertial frame of reference	惯性参考坐标系
Inertial – grade gyroscope	惯导级陀螺
InGaAsP	磷砷镓铟
Injection current	注入电流
In – phase component	同相分量
Input – output characteristic	输入—输出特性
Integrated optical gyro	集成光学陀螺仪
Integrated optics	集成光路
Integrated switch	集成式开关
Interferometric FOG (IFOG)	干涉式光纤陀螺仪
Isolator	隔离器,隔振体,去耦器
Isotope	同位素

K

Kerr effect	克尔效应(电介质内的光电效应)
Kerr – like nonlinearity	类克尔非线性

L

Langmuir flow	郎缪尔流
Larmor precession	拉莫尔进动
Laser beam	激光束
Laser cavity	激光腔
Lateral – Axis MEMS Gyro	横向轴微机械陀螺仪
Length modulation	(脉冲)宽度调制
LIGA Galvanoformung Abformung	光刻电铸模造
Light confinement	光限制
Light source	光源
Light velocity	光速
Linewidth	线宽
Lithium niobate	铌酸锂
Lithography	光刻
Lock – in	闭锁

| Lock – in amplifier | 锁定放大器 |
| Longitudinal mode | 纵向模式 |

M

Mach – Zehnder interferometer	马赫—曾德尔干涉仪
Magnetic field	磁场
Magnetic mirror	磁镜
Magnetic moment	磁矩
Mass	质量
Measurement noise	量测噪声
Mechanical dithering	机械抖动
Mechanical quality factor	机械品质因数
Mechanical resonator	机械谐振器
Mechanical stability	机械稳定性
Metal – organic chemical vapour deposition（MOCVD）	金属有机物化学气相淀积法
Metal post	金属杆
Micro cavity	微型腔
Micro disk	微盘
Micro optics	微光学
Micro photonics	微光子学
Micro resonator	微型谐振器
Micro ring	微型环
Micro sensor	微型传感器
Micro structure	微型结构
Micro system	微系统
Micro – Electro – Mechanical System（MEMS） gyroscope	微机电陀螺仪
MEMS inertial sensors	微机电惯性传感器
MEMS resonator	微机电谐振器
MEMS space applications	MEms 空间应用
MEMS technology	MEms 技术
Micro – Opto – Electro – Mechanical System（MOEMS） gyroscope	微光机电陀螺仪

110

Military industry	军事工业
Military systems	军事系统
Military vehicles	军用车辆
Minimum configuration	最小配置
Minimum detectable angular rate	最小可测角速率
Mir Space Station	和平号空间站
Mirror	反射镜
MMI coupler	多模干涉耦合器
Mode competition	模式竞争
Mode locked laser	模锁激光器
Mode locking	模锁
Mode – matched configuration	模式匹配配置
Model	模型
Modulating signal	调制信号
Modulation	调制
Molecular bonding	分子键合
Momentum conservation	动量守恒
Moving parts	活动件
Multi quantum well（MQW）	多量子阱
Multi – turn fiber coil	多匝光纤线圈
Multi – turn resonator	多匝谐振器
Multi – turn superfluid gyro	多匝超流陀螺仪

N

Nano – satellites	纳米卫星
Naval industry	海军工业
Navigation micro – computer	微型导航计算机
Nd：YAG crystal	钕:钇—铝石榴子石激光晶体
Nd：YAG optical amplifier	钕:钇—铝石榴子石光放大器
Nd：YAG ring laser	钕:钇—铝石榴子石环形激光器
Neon（Ne）	氖
Neutral atoms	中子
Noise	噪声

Non – reciprocal bias	非互易偏差
Nuclear magnetic moment	核磁矩
Nuclear Magnetic Resonance（NMR）cell	核磁共振池
NMR frequency	核磁共振频率
NMR gyro	核磁共振陀螺仪
Null shift	零源

O

Open – loo PFOG configuration	开环光纤陀螺仪结构
Open loo Pmode	开环模式
Operating condition	工作条件
Operating frequency	工作频率
Operating point	工作点
Operating principle	工作原理
Operating regime	工作域
Operating wavelength	工作波长
Optical amplification	光学放大
Optical angular rate	光学角速率
Optical beam	光束
Optical cavity	光腔
Optical chip	光学芯片
Optical components	光学元件
Optical devices	光纤装置
Optical fiber	光纤
Optical gyro	光学陀螺仪
Optical interferometer	光学干涉仪
Optical loss	光损耗
Optical mode	光模
Optical read – out	光学探测
Optical signal	光信号
Optical waveguide	光波导
Oscillating bias	振荡误差
Oscillating mode	振荡模式

Output coupler	输出耦合
Output range	输出范围

P

Parasitic capacitances	寄生电容
Passive integrated optical gyro	无源集成光学陀螺仪
Passive optical angular rate sensor	无源光学角速率传感器
Passive optical cavity	无源光学腔
Passive optical gyro	无源光学陀螺仪
Passive optical ring resonator	无源光学环形谐振器
Periodic distribution	周期干扰
Periodic oscillation	周期振荡
Phase difference	相位差
Phase modulation – based read – out technique	基于相位调制的检测技术
Phase modulator	相位调制
Phase response	相位响应
Phase sensitive	相敏
Phase shift	相移
Phase steps	相位步进
Phase variation	相位变化
Photodetection apparatus	光电检测装置
Photodetector	光电探测器
Photodiode	光电二极管
Photolithography	照相平板印刷术
Photon beam	光子束
Photonic bandga P(PBG) fiber	光子带隙光纤
Photonic crystal (PhC)	光子晶体
PhC micro – cavity	光子晶体微型腔
PhC resonator	光子晶体谐振器
Photonic integrated circular	光子集成电路
Photonic gyro	光子陀螺
Pico – satellites	微型卫星
Piezozelectric transducer	微电子换能器

P – i – n junction	PIN 结
Planar mirror	平面镜
Polarization maintaining fiber	保偏光纤
Poly – Si surface micromachining	多晶硅表面微加工
Polysilicon	多晶硅
Polysilicon gyro	多晶硅陀螺仪
Polysilicon resonator	多晶硅谐振器
Population inversion grating	粒子数反转光栅
Power consumption	功耗
Primary mode	主振模式
Primary motion	主振运动
Primary resonant mode	主谐振模式
Primary resonator	主谐振器
Primary vibration	主振荡
Processing apparatus	处理装置
Proof – mass	检测质量
Propagating beam	传播光束
Propagating mode	传播模式
Propagating signal	传播信号
Propagation loss	传播损耗
Pum Plaser	泵浦激光器

Q

Quadrature component	正交分量
Quadrature error	正交误差
Quality factor	品质因数
Quantization noise	量化噪声
Quantum dot	量子点
Quantum limit	量子极限
Quantum noise	量子噪声
Quantum well	量子阱
Quartz MEMS gyro	石英微机械陀螺仪
Quartz resonator	石英谐振器

114

Quartz vibratory gyro   石英振荡陀螺仪

R

Racetrack shaped cavity	跑道型腔体
Radiation dose	辐射剂量
Radiation – induced darkening	辐射诱导的暗色化
Raman effect	雷曼效应
Raman transitions	雷曼转换
Random walk coefficient	随机游走系数
Random walk noise	随机游走噪声
Random walk stochastic process	随机游走随机过程
Rate – grade gyro	速率级陀螺仪
Rayleigh backscattering	瑞利背向散射
Reactive ion etching（RIE）	反应离子刻蚀
Read – out apparatus	探测设备
Read – out circuit	检测电路
Read – out optics	检测光学装置
Read – out optoelectronic system	光电检测系统
Read – out system	探测系统
Read – out technique	检测技术
Reciprocal bias	互易性误差
Reciprocal configuration	互易性结构
Relativistic electrodynamic approach	相对论电动力学方法
Reliability testing	可靠性测试
Resist	阻抗
Resolution	分辨率
Resonant cavity	谐振腔
Resonant FOG（RFOG）	谐振光纤陀螺仪
Resonant mode	谐振模式
Resonator	谐振器
Ring cavity	环形腔
Ring interferometer	环形干涉仪
Ring Laser Gyroscope（RLG）	环形激光陀螺仪

Ring resonator	环形谐振器
Rotation angle	旋转角
Rotation induces splitting	旋转诱使(频率)分离
Rotating reference frame	旋转参考系
Rover vehicle	月球车

S

Sacrificial layer	牺牲层
Sagnac effect	萨格奈克效应
Sagnac interferometer	萨格奈克干涉仪
Satellite orientation	卫星定向
Satellite stabilization	卫星稳定
Scale factor	标度因数
Scale factor accuracy	标度因数精度
Scale factor stability	标度因数稳定性
Scale factor variations	标度因数变化
Scattering loss	散射损耗
Secondary mode	次级模式
Semiconductor optical amplifier	半导体光学放大器
Semiconductor ring laser	半导体环形激光器
Sense axis	敏感轴
Sense electrode	敏感电极
Sense mode	敏感模式
Shot noise	散粒噪声
Shupe effect	舒培效应
Side – Coupled Integrated Spaced – Sequence (SCISSOR)	侧耦合集成空间序列
Side mode suppression	边模抑制
Sidewalls roughness	侧壁粗糙度
Silica – on – silicon technology	硅基二氧化硅技术
Silica – on – silicon ring resonator	硅基二氧化硅环形谐振器
Silicon	硅
Silicon chip	硅片
Silicon MEMS technologies	硅 MEms 技术

Silicon micro machining	硅微加工技术
Silicon ring laser	硅环形激光器
Silicon substrate	硅基片
Silicon wafer	硅片
Silicon waveguide	硅波导
Silicon oxide	二氧化硅
Silicon – on – Insulator（SOI）chip	绝缘体硅芯片
SOI substrate	硅绝缘体基片
SOI surface micromachining	硅绝缘体表面微加工技术
SOI technology	硅绝缘体技术
Single – chi PMEMS gyro	单芯片微机电系统陀螺仪
Single – mode fiber	单模光纤
Sinusoidal modulation	正弦调制
Slow light	慢光
Solid – state RLG	固态环形激光陀螺仪
Space applications	空间应用
Space shuttle	航天飞机
Space – qualified IMU	航天用惯性测量装置
Spectral component	光谱分量
Spectral response	光谱响应
Spherical mirror	球面镜
Spinning mass gyroscope	转子陀螺仪
Split – mode configuration	分裂模式配置
Spoke	轮辐
Spontaneous emission noise	自发辐射噪声
Spring	弹簧
S – section	S 段
S – section waveguide	S 段波导
Standard deviation	标准偏差
Static characteristic	静态特性
Ste Presponse	阶跃响应
Stimulated Brillouin scattering	受激布里渊散射
Stimulated Raman scattering	受激雷曼散射
Stochastic process	随机过程

Stokes signal	斯托克斯信号
Strapdown inertial navigation systems	捷联式惯性导航系统
Strategic missiles navigation	战略导弹导航
Structural layer	结构层
Sun sensors	太阳传感器
Superfluid gyro	超流体陀螺仪
Superluminescent diode	超发光二极管
Surface micro machining	表面微加工技术

T

Tactical – grade gyro	战术级陀螺
Threshold current	阈值电流
Through Port	贯穿端口
Telecom fiber	通信光纤
Temperature gradients	温度梯度
Thermal in – diffusion	热扩散
Thermo – optic modulator	热光调制器
Traction control systems	牵引力控制系统
Transmittivity	透射率
Tuning fork gyro	音叉陀螺仪
Two photon absorption(TPA)	双光子吸收

U

UV – lithography	紫外光刻

V

Vertical cavity surface emitting laser	垂直腔表面发射激光器
Vibrating mass	振动质量
Vibratory gyro	振动陀螺仪

W

Wafer bonding	晶片键合

Wet etching	湿法刻蚀
White noise	白噪声
Winding schemes	绕线方案

X

X – ray radiation	X 射线辐射
X – ray resist	X 射线光刻胶
X – ray source	X 射线源

Y

Y – junction	Y – 波导

Z

Z – Axis MEMS Gyro	Z 轴微机械陀螺
Z – cut lithium niobate substrate	Z 切铌酸锂基板
Zeeman effect	塞曼效应
Zero – lock Laser Gyro	零锁区激光陀螺仪